BREAK THROUGH THE NOISE:
THE NINE RULES TO CAPTURE GLOBAL ATTENTION

突破演算法、分享破百萬的9大公式

為何他們的影片暴擊人心，創造話題、流量和商機？

U0013361

Tim Staples

提姆·史戴普 —— 著

Josh Young

喬許·楊

尤采菲 —— 譯

suncolor
三采文化

目 錄
CONTENTS

前　言

沒人在乎

你必須先了解一件事——沒人在乎。

沒人在乎你才剛貼出去的影片，沒人在乎你前一天晚上發布的照片，更別說你的品牌才剛推出的廣告了。

真的，沒有人在乎。

這跟你個人沒有關係，純粹是嚴酷的事實。這個時代，社群、數位媒體那麼多，網路上每天都會出現數百萬則新貼文。人們每天接受各種訊息的轟炸，以至於大部分人都選擇視而不見。因此，無論你要傳達的訊息立意多麼良善，製作得多麼美觀，注定會消失在一片雜音、混亂和不相干事物的土石流當中。這就是網路世界的現實。

　　然而，視聽者可以被引導去注意你的訊息。無論你是大品牌、小公司還是個人，要打破這道冷漠之壁，讓所有社群媒體霸主——包括谷歌（Google）、臉書（Facebook）、YouTube、Instagram——都來放送你的訊息，還是有方法做到的。想引發人們的注意，祕訣在於了解並懂得運用人們的情感，還要熟悉如何在網路上說一番好故事。

　　這並非只是假設性的理論，一點都不是。相反地，這是一套根據成功案例發展而出、實際可用的做法。在網路上說好故事，已經掀起革命性的風潮，足以催生一個市值高達一千九百億美元的廣告產業，翻轉整個媒體的景象，而你，能夠在其中找到你的位置。

　　不過，先讓我來介紹自己。我擁有一家內容行銷公司「分享力網路行銷」（Shareability，網址 http:// www. shareability.com）。敝公司已成功破解網路的祕密，我們知道要如何才能突破網路雜音，讓人們觀看內容並進一步分享出去，而這是一項強而有力的網路行銷心法。我們製作的影片廣受歡迎，不隨波逐流，不只是能吸引人按讚而已。我們的影片述說的是能讓人感同身受的故事，能夠觸發人們想立即分享給他們的朋友、朋友的朋友，以及他們想要交到的朋友。

　　行銷人員都知道，販賣一樣東西，最可靠同時也是最難達成的方法，就是「口碑行銷」。研究發現，有九成的

人會相信家人和朋友推薦的東西，因此可以說，個人推薦是行銷的萬靈丹。多年來，傳統的行銷學都認為口碑的成效是無法測量的。不過，多虧了科技和社群媒體的快速發展，如今已不再是如此。我們利用自行創造和發布內容的方式，成功找出衡量「口碑」的方法。

這裡提供幾項數據來說明。我們的影片擁有超過五十億次自然生成的點閱率[1]和五千萬次分享；我們為百事可樂（Pepsi）、Adobe 軟體公司、凱悅酒店（Hyatt）、奧林匹克運動會（Olympic）等大型品牌產生超過十萬篇報導文章。許多品牌都夢想「抓住瓶子裡的閃電」[2]，打造出一支百萬分享的爆紅影片，像這樣看似不可能的任務，我們已經一再又一再地達成，讓原本不看好的人無話可說。

最有趣的部分在於，這些影片的核心其實屬於行銷工具，要讓無論是小、中、大型品牌，尋找新的客戶並吸引其採取行動。透過製作和發布具有高度可分享性的影片、貼文，分享力公司知道如何使用臉書和其他社群媒體平臺推出影片，且成本遠低於一般大型品牌的行銷費用。

品牌若想跟客戶建立有實質意義的關係，網路上的內容分享是目前唯一最有效的方式。創造最具價值的內容，

---

1 譯注：organic view，意指未經付費而讓使用者觀看到的點閱率。
2 譯注：這是一句英語俗諺，意指不可能的任務，典故來自於富蘭克林（Benjamin Franklin）用風箏引導閃電到瓶子裡而發現電。

並圍繞著該項內容建立互動性最高的社群，能帶來好幾萬次的點閱，對某些人來說，這具有數百萬美元的價值。現在，創造這樣的內容、與社群建立關係，所需的花費較為低廉，也比過往更加有效。前提是，你必須先了解何謂「在網路上說好一個故事」。

　　聽起來很棒，然而，若你沒有龐大的行銷團隊，也沒有口袋夠深的投資人願意讓你從做中學，該怎麼辦？這都不是問題。我自己開始從事網路行銷時，也都不具備這些條件。

　　事實是，你仍舊有辦法成功！原因在於，無論你的品牌是大是小，品牌的建立和推出總有一些普世適用的原則。不需要去理解臉書又對他們的演算法做了第幾百萬次更動，因為在網路世界裡，經過精心設計的事物不會輕易被淘汰。相反地，你應該知道的是類似臉書這些社群媒體背後的哲學，它們為什麼成立、運作的方式，以及它們可以如何為你帶來效益。

　　本書並不是要教你如何按下八十四個按鈕好讓你在臉書上跨頁面貼文，也不是要教你駭進 YouTube 的演算法讓你的影片爆紅，而是要教給你能夠理解的概念。駭客的手法每天都在變，但是概念不會變，這些概念在分享力公司創立時就不斷推動我們前進，接下來數年也將會是如此。那些大型平臺動不動就做出更新，有些只有非常細微的差異，你不可能跟得上每一項變化。

　　簡單的部分說完了，當然，還有很多更複雜的。在本書中，我們會先深入探討網路上目前的動態，並揭露有哪些方法能確保你的訊息可以突破網路上的雜音和喧鬧。我們會利用本書披露的九大公式，教你如何精通內容可分享性的強力心法、人們為什麼會想分享他們所做的事（背後的心理因素），以及最重要的，如何運用有價值的內容，用比傳統廣告低廉的成本來發表全球性品牌。

　　了解這九大公式，並將之運用到你自己欲傳達的訊息或你的品牌上，你可以讓網路為你所用，而不是在一片數位荒野中自己開疆闢土。任何訊息，無論是發自某個社群的行動者、某個歌手，或是某個人坐在家裡突然間的靈機一動，都能被數百萬人看見、聽見。

　　簡而言之，本書是要讓你懂得如何觸及數百萬觀看者，並建立具認同度的強大品牌。因此，無論你是坐在筆電前的某個人，想讓自己的聲音被別人聽見；某個創業家，想爭取投資人；某個小型企業主，想建立自己的客戶群；某個 YouTube 的明日之星；或者你是《財星》（*Fortune*）五百大企業的行銷長，了解我們的「分享力九大公式」並將之付諸執行，將有助於你突破網路雜音，幫你將你的品牌推向更高一層樓，無須落入「根本沒人在乎你」的悲慘命運。

公式 1
具有可分享性

我搞砸了。

隆冬的馬德里（Madrid），我站在一間飯店套房門外，斗大的汗珠正從我臉上汩汩流下。房門的另一頭，是暱稱 C 羅的克里斯安諾・羅納度（Cristiano Ronaldo），他不僅是國際足球明星，還是世界上最有名的名人之一。

而他才剛把我踢出門外。

我的思緒快速地動個不停。今天，理應是我職業生涯最重要的一天，卻變成最慘痛的一天。坐在昏暗走廊裡，我可以聽見以葡萄牙文進行的對話透過房門傳出，但我腦海裡只閃過一個念頭：「我們是不是衝得太遠了？」

那年是二〇一五年，我的公司「分享力」已經做出了一點成績，有好幾支點閱率驚人的爆紅影片都出自我們公司之手。我們每發一支新影片，都致力於突破極限，這讓我們獲得了國際間的注意，最終也因此爭取到與 C 羅團隊見面、幫助他們推出新品牌的機會。

現在，我們來到了馬德里，要為 C 羅的耳機品牌 ROC 進行第一次拍攝。一如往常，我們致力於突破極限。我們捨棄拍攝一支正規商業廣告片的想法，而是向 C 羅和他的團隊推銷了一個實境拍攝的瘋狂點子。我們想把他打扮成一個街頭流浪漢，讓他在西班牙最繁忙的廣場上向人乞討。一個人來人往的廣場，像他那樣一個高知名度的名人，是絕不可能沒人發現的，一定會被群眾瘋狂包圍。大多數像 C 羅那樣等級的超級明星，絕不敢輕易做這樣的嘗試。不過，他的經紀人里卡多（Ricardo）是個很聰明的人，C 羅不僅是他的客戶，也是朋友，他了解要如何才能讓 C 羅從眾多名流當中脫穎而出。

不過，當 C 羅抵達拍攝現場的時候，事情有了變化。由於我怕拍攝時會出差錯，因此僱了六名長得好似以色列情報特工的保鑣負責維安。或許是 C 羅看到保鑣臉上僵硬如石頭的表情，也或許是因為他那天心情不太好。不管什麼原因，來到現場的 C 羅對整件計畫的想法有了動搖，而我只能待在走廊，每過八秒鐘擦一次我額上的汗水，盡力保持鎮定。

　　我大概等了幾分鐘，但感覺就像幾小時那樣久。終於，房門打開，那位人稱 CR7[3] 的男人走了出來。他看著我，簡單地比了一個大拇指朝上的手勢。

　　拍攝計畫不變。

　　最後拍出來的影片《C 羅扮裝中》（*Ronaldo in Disguise*），立刻成為一支超級轟動的爆紅影片。這是網路史上最快達到三千萬觀看數的品牌影片，之後還繼續往上飆到超過一億次點閱，最後在該年度成為全球最多分享的名人廣告，超越許多全球大品牌諸如蘋果（Apple）、三星（Samsung）和百事可樂。該影片想宣傳的品牌，在影片推出之前完全沒有人聽過。

▶《C 羅扮裝中》
網址：https://youtu.be/8H_DSErYUZk

　　還有，透過這支影片，我們利用一位全球巨星讓全世界注意到內容可分享性的重要。

　　「可分享性」是內容為何會在網路上獲得分享的原因，它是在網路上創造有意義的成功背後的中心概念。我是如此強烈地深信此概念，以至於我將我的公司命名為與之同

3　編注：C 羅的名字簡寫加上球衣號碼。

名的「分享力」（Shareability）。這本書就是要教你如何擁
抱可分享性的威力，並將之用來創造巨大的成效。但是，
想真正了解它，就要先了解這個世界是如何走到現在這一
步，並面對目前的現實。

早期電視廣告是單向的對話

　　三十年前，早在網路出現的時代，世界與現今非常不
同。電視是當時的媒體霸主，今天我們習以為常的，像是
利用手機就能創造、分享內容這樣的事情，在那時只能說
是科幻小說的情節。一九八九年時，如果你想對全國或國
際的觀眾傳播一項訊息，或是行銷一樣產品，基本上你只
有一種選擇，就是僱用一家昂貴的製作公司，幫你製作一
支更加昂貴的廣告片，花費數百萬美元在電視或廣播上打
廣告，才能向剛好轉到該頻道的觀眾放送你的訊息。

　　可是，萬一你沒有好幾百萬的資金可用，怎麼辦？
嗯，只好認栽。當時一切的媒體管道，從電視、廣播到印
刷媒體和廣告招牌，都操控在大型媒體企業手中，你想跟
他們搭上線，就必須撒下大把的銀子。那些用來製作可在
電視上播放等級內容的設備，一般人或小品牌完全是負擔
不起的。

　　這樣的情況造成了市場壟斷，只有實力雄厚的大品牌
才有辦法花錢在這種傳統的廣告上。一九八〇和九〇年

代，大型品牌每年耗資以億為單位的廣告預算，《財星》五百大企業加總起來，傳統型廣告的費用高達上百億美元——幾乎都用於電視廣告。根據西元二〇〇〇年的數據，美國穀片公司通用磨坊（General Mills）花了百分之九十四的廣告預算在電視媒體上，可口可樂（Coca Cola）是百分之八十七，美國最大啤酒釀造公司安海斯布希（Anheuser-Busch）則是百分之八十六。

　　如此一來，創新和品牌競爭就被阻隔在競爭市場之外——因為進入門檻太高，新品牌或新點子很難打入市場。另外，可想而知，連小品牌都沒辦法了，更別說個人要如何對廣大群眾發聲。

　　接著，新科技和網路上場，這兩樣事物改變了一切。可以擋掉廣告的電視數位預錄機 TiVo 的出現，打亂了電視廣告的生態。隨著人們的目光慢慢轉向網路，電視節目的收視率開始緩慢、穩定地下滑。

　　事實上，網路可說視眾生平等。人類史上第一次，每個普通的平凡人都擁有完全平等的機會，能進入網路這個強而有力的媒體管道，向全國甚至是國際性的觀眾發聲。

　　再來，日新月異的科技讓幾億人口一下子都有了一部智慧型手機。行動閱覽有如爆炸一般蔓延開來。最常使用手機收看網路內容的，應屬一九八〇年代末期至二〇〇〇年左右出生的千禧世代，他們的注意力被三分鐘左右的網

路影片拉走，不再青睞三十分鐘長的電視節目。智慧型手機基本上已成了攜帶式的攝影棚，不只能製作專業級的內容，同時提供了一種新式的網路「管道」——發展神速的社群平臺。

對於腦袋還停留在舊時代的傳統廣告從業人員來說，這簡直是一場混亂。

大型品牌被弄得眼花撩亂，他們既困惑又茫然，不知該如何探索這個新世界。新世界裡不僅有臉書、Youtube，還有其他主打利基市場的平臺，例如影音平臺 Hulu、聊天型社群媒體 Snapchat、生活娛樂媒體平臺 Thrillist 等。少了過去人們熟悉的電視廣告強力放送，消費者對於《財星》五百大企業的品牌識別開始衰退，其中大部分原因，是因為企業不懂得與他們的消費者連結。他們數十年來所做的，就是把幾十億的預算倒進單向的對話管道，卻從來沒接觸過他們的觀眾。然而，現在已不能再如此。

越是混沌的時代，越是充滿機會的時代。

對於行銷人員來說，這是自從電視降臨人間以來，市場上出現最大的契機：透過網路就可直接接觸到群眾。網路是很民主的，因此，任何人都有辦法透過他的內容接觸到每一個人。

有一段時間，這個美麗新世界的秩序著實甜美，因為早期的網路內容環境的競爭性並不高。YouTube 成立於二

○○五年，當時這個影音平臺遇到的最大問題，是沒有任何內容可以放上去供人觀看；iPhone 要到兩年後才會出現；臉書主要還是大學生在玩的東西。要讓品牌創造並發布他們自己的內容，在當時完全是聞所未聞的想法（更別說是普通人了）。出於這個原因，當時可以在網路上看得到的內容，要不是平淡無奇，不然就是製作得很差。所以，當某個品牌或是個人創造了實在是特別的內容時，就會獲得大量的分享和關注。

人們觀看一支影片並分享給朋友，就促成了互動。然後，YouTube 演算法會進一步推送這份內容，收看率和互動率就會提高。一旦這份內容有幾百萬人次的觀看率以後，就會有部落格和數位媒體蜂擁而上瘋狂「報導」，宣稱這部影片是網路上的最新潮流，又會進一步把這部影片往排行榜上送。

這是一個簡單又美妙的循環。那些真正超凡獨特的影片，於是在網路上以這樣的速度和聲勢大量流傳，以至於誕生了一個新詞，專門用來說明一支影片突然像病毒傳染般地擴散，也就是「爆紅」[4]。

---

4 譯注：爆紅的英文原文是「going viral」，viral 是病毒式傳播的意思，用來形容某支影片爆紅的速度好像病毒感染一樣又快又廣。

病毒式傳播的爆紅

過去，我們講到「viral」，真的就只是病毒的意思。這些小小微生物不只會使他們的宿主受感染，更重要的是，他們還會傳播疾病到新的宿主身上。如此微小的生物，卻能快速地傳播到這麼多人身上，威力相當驚人。同樣地，一支短短的影片好像野火一樣快速蔓延開來，因此，英文裡「像病毒傳播般爆紅」的形容詞就這樣被採用且固定下來了。此概念如此深植人心，以至於現在當人們聽到「viral」，就會想到是不是在講什麼爆紅影片，其次才會想到傳染性疾病。

大約在二〇〇八到二〇一五年之間，網路的使用者急劇增加，爆紅影片可說是風靡一時。這些影片的崛起，通常是靠著人們寄送郵件或傳訊給朋友們說：「這太酷了，你一定要看！」第一個人傳給第二個人，然後再傳給下一個人，影片傳播的速度非常快，最後會演變成，要是你還沒看過那支狗狗跳火圈的神奇影片，你自己都會上網找來一探究竟。

早期 YouTube 創作者就是這樣功成名就的，也因此改變了打造品牌的傳統模式。離不開智慧型手機的千禧世代紛紛捨棄電視，前往網路去追尋更具原創性、更瘋狂大膽的內容，自媒體世代明星於焉誕生。這段時期充滿著發現新大陸的樂趣，年輕人覺得他們終於有辦法擺脫不知道身

在何處的媒體公司強塞給他們的內容，自己去網路上尋找還沒被發掘的新藝人，這些成功藝人贏得的粉絲群基礎，比以往更為鞏固。

當 YouTube 創作者展現了他們的能耐以後，品牌也想跳進來複製他們的成功，也就是創造能爆紅的內容，建立堅實的追蹤族群。在網路上進行品牌宣傳的重心，在於要能病毒式爆紅，盡可能為你的內容吸引目光，越多越好。百萬美元預算花下去，就是為了讓他們的廣告爆紅。

二〇〇五年四月二十三日，YouTube 的第一支影片上傳到平臺上時，並沒有多少人擁有自己的攝影機，更別說，能使播放更加便捷的劃時代發明「寬頻網路」也還不普遍。然而，到了二〇一八年，YouTube 的使用者已經超過十三億人，每天人們收看的影片約有五十億支，每分鐘就有三百小時的新內容上傳到網路。

當每個人的指尖隨便一滑，就有這麼多內容隨手可得的時候，這世界變成了一個眾聲嘈雜的空間。人們被內容轟炸，每天都要暴露在五千支網路廣告之下。

對於品牌來說，這形成了一個難題。對於廣大觀眾而言，傳統廣告已經讓他們厭煩，無法再起作用，但他們也變得很懂得如何阻隔網路上的吵鬧聲。就拿臉書來說，人們不停地滑著頁面，就好像約會老手在滑約會應用程式 Tinder 一樣，只有非常短暫的瞬間能夠吸引他們的注意力。YouTube 也差不多，人們會停留在某個頁面上，不過

就是想等略過廣告的按鈕出現，倒數三秒、兩秒、一秒，然後很快瀏覽一下就會按掉了。更不要說，大型社群網路還會針對它們的演算法進行更動，那會限制能看到你的貼文的人數，然後你會發現，要吸引人們觀看你的內容變得困難許多。

結果很諷刺，每個人都在想辦法吸引注意力，卻沒有人受到注意。如果世界裡沒有任何注意力能被集中，那麼某個內容的「病毒式爆紅度」也就沒那麼值錢了。

或許你還記得這支影片：二〇一六年，美國有位女士從柯爾百貨（Kohl's）買了一個《星際大戰》（Star Wars）電影角色丘巴卡（Chewbacca）的面具，接著就坐在車子裡，拍攝自己戴著面具不停地笑的畫面。它成了當年臉書史上串流播放率最高的影片，點閱率達一億六千兩百萬人次，比當年度點閱率第二名的影片高出一倍以上。

那位丘巴卡媽媽成為轟動一時的網路名人，不僅登上知名的電視脫口秀《深夜秀》（The Late Late Show），還收到數家公司支付好幾萬元做為酬勞，想搶搭她的名氣順風車。然而，她的知名度賞味期限只持續了大約兩個星期，接著她就回到普通的日常生活，而現在人們已經很難記起她的名字了。有的時候，爆紅並不會給你帶來什麼。

所以，品牌到底要如何擁抱網路世界的規則，並突破周邊的雜音？

▶「丘巴卡媽媽」（Chewbacca Mom）甘德絲・佩恩（Candace Payne），圖片取自其臉書動態，二〇一六年五月十九日。網址：https://www.facebook.com/candaceSpayne/videos/10209653193067040/

　　答案很簡單：要具有「可分享性」。具有可分享性的意思，是你創造的內容要讓人們看了以後會「忍不住」想分享給朋友，要有這樣的價值才行。這是一種將觀眾放在首位的心態，試圖銷售之前，「先」與觀眾建立關係，其本質與傳統的廣告手法正好相反。隨著本書繼續探討下去，你會發現，了解什麼是可分享性和吸引分享數，會是你為品牌所做的最有價值的事。

　　沒關係，不用對我的話照單全收。問問艾森伯格廣告集團（Ayzenberg Group）好了，這家公司針對賺得媒體價值發布《艾森伯格賺得媒體價值指數報告》（*Ayzenberg Earned Media Value Index Report*）[5]。這項指數用來量化社群媒體回應對於品牌能夠產生多少價值，而這份報告會用金額來衡量人們在社群平臺上從事各項行為的價值，例如一次按讚、一次分享或一則留言。來看看艾森伯格二〇一八年的報告針對「每次分享價值」（value per share）所評定的價值：微網誌 Tumblr 是二‧五八美元，臉書是二‧一四美元，推特是一‧六七美元、YouTube 是〇‧九一美元，而圖像社群平臺 Pinterest 則是〇‧一美元。

　　分享可以說是大家最渴望得到的網路行為，它能贏得最高的報償並創造最多的價值。原因是，一次的分享就能將你的受眾轉變成品牌大使，就算沒有明說，也能讓網友主動推薦你的品牌訊息給他們的朋友。這種來自「口碑」的背書行為一直都是廣告界的金牌獎章，因為那是最有意義的。

　　具有可分享性，就是要吸引人們靠過來，而不是把你的內容關掉，或滑過去而已。

5 譯注：賺得媒體價值是 earned media value，經常簡稱 EMV。相對於自營媒體（owned media）和付費媒體（paid media），賺得媒體是指透過互動和分享而來的免費曝光度，例如網友自發性地試用產品，加以按讚、分享或轉發，就是賺得媒體，跟口碑很類似。

　　所有社群平臺就是建立在分享的概念之上。全部平臺都會推送分享率好的內容，因此，如果你能打造出好的內容，人們就會分享你的品牌訊息。

　　這是一種極為動態性的概念。讓人們分享你的品牌訊息，可說是終極的口碑行銷——讓人們來替你做行銷。你發布某種具有價值的事物給人們，而這樣東西恰巧搭載了你的品牌訊息，當他們分享給朋友的時候，會說：「嘿，快來看看我發現的這樣酷炫玩意兒！」

　　而你，就是那樣酷炫玩意兒。

　　想想看，你推出的東西，不再是那則人們一看就滑掉的廣告，而是人們在海灘上找到的那塊美麗的小圓石、人們喜愛的酷炫新潮流、目前最發燒的新事物。

　　這種超越「病毒式爆紅」的演化，就稱為「可分享性」。擁有病毒式爆紅的特性仍舊是件好事，但這種爆紅已經越來越難達到，就算能達到，也越來越無法受控。另一方面，可分享性則能帶來價值和可預測性，讓你的訊息以百倍的驚人氣勢快速散播。

　　擁有「病毒式爆紅」的特性並非完全不再靈驗，只是這已不再是網路內容想達成的最高目標。擁有病毒式爆紅度，永遠都會是打造品牌的有效手法，但是，單純地追逐病毒式爆紅已經是過去式了。現在的重點要放在具有可分享性，這才能擴大你的訊息，賦予競爭優勢，讓你的品牌成長。

人們都分享什麼？

　　我們來看看哪些類型的內容在網路上得到廣大網友的分享。這可不是紙上談兵，因為某些類型的內容跟你的品牌或許關聯度很低，或者根本不可能是你能夠執行得了的。然而，這些成功案例可以幫助你了解網路的生態，給你靈感。

　　在過去靠著病毒式爆紅就能輕鬆獲得能見度的黃金年代，基本上有五種類型的內容可以蟬聯 YouTube 的各項排行榜。

　　第一種是「音樂錄影帶」。

　　YouTube 早期，平臺上的內容以音樂錄影帶為大宗，這些影片能帶來上千億的點閱。在網路出現前，MTV 音樂頻道還很興盛的年代，藝人和唱片公司都會為他們的熱銷歌曲製作短篇影片，這種盛況已經持續了數十年之久，所以音樂界早就很擅長用三、四分鐘的影片來說好一個故事，正好是 YouTube 平臺上最理想的觀看長度。你知道的，唱片公司必定會拿出充足的預算製作音樂錄影帶，音樂明星也會動用他們的明星魅力來宣傳這些影片，可以想見，音樂錄影帶結合網路能締造巨大的成功。

　　事實上，YouTube 上第一支超越十億點閱的影片就是一支音樂錄影帶，南韓饒舌歌手 Psy（本名朴載相）的歌曲《江南 Style》（Gangnam Style），這支影片以如虹的氣勢在

二〇一二年席捲網路世界，還得到金氏世界紀錄認證為當年度 YouTube 最多按讚的影片。

　　所以，想要研究何謂「可分享性」的案例嗎？不如來研究《江南 Style》吧。在一個人人都對自己和自己的音樂嚴肅看待的時代裡，Psy 卻反其道而行，他的音樂錄影帶不只拿自己開玩笑，還揶揄了流行文化裡幾乎每一樣老套。再搭配琅琅上口的樂曲和一連串荒謬的舞蹈（模仿騎馬的動作），不只易學，看起來又很好笑。因此，毫不令人意外，這首歌和 Psy 本人轉眼變成國際上的當紅炸子雞，躍上三十個國家的音樂排行榜；當

▶ 《江南 Style》由 YG 娛樂公司於二〇一二年七月十五日發布於 YouTube。
網址：https://youtu.be/9bZkp7q19f0

時的南韓總統朴槿惠出訪美國，在白宮與總統歐巴馬（Barack Obama）會面，兩人談話時歐巴馬還拿這首歌曲做為韓國文化的重要象徵，甚至跳了一小段騎馬舞呢。

　　第二種類型，我們親暱地稱為「可愛嬰兒」。並不是說這類影片拍的都一定是嬰兒，而是關於影片裡的主角（通常都是嬰兒）做或說出可愛、有趣或令人難忘的事情。你可以把這類影片想成是《歡笑一籮筐》[6]的 YouTube 版，內容都是一些家人朋友的互動，卻爆發令人意想不到的好笑瞬間。YouTube 上有一支點閱率最高的非音樂類型影片《查理咬我的手指，又來了！》（*Charlie bit my finger – again!*），就是最好的例子。

　　這支影片中，有個名為哈利的小男孩抱著襁褓中的弟弟查理坐在椅子上。影片開頭，哈利笑一下，查理就會輕咬一下他的手指。不過到了後面，查理竟然用力一口咬下，引得哈利尖叫、眼淚齊飛，說出以下這句令人難以忘懷的話：「查理，這很痛捏！」（Charlie! That really hurt!）對此，小嬰兒查理報以一抹狡黠的微笑。影片最後，哈利還是恢復了笑顏，成為一幅描繪兄弟情、每一位為人父母者都會感到既甜蜜又熟悉的美好畫面。這支影片一上傳，很快就催出超過八億八千萬次的點

---

6 譯注：這是一部歷史悠久的電視節目，原文為 America's Funniest Home Videos，直譯「美國最搞笑的家庭錄影帶」，在臺灣播出時節目名稱為《歡笑一籮筐》，播出年代約為一九九〇至一九九五年。

閱，還引發了許多重編和諧仿影片。

 ▶《查理咬我的手指，又來了！》
網址：https://www.youtube.com/
watch?v=_OBlgSz8sSM

　　第三種類型叫做「神乎其技」。這類影片是拍攝某些人從事平常人從沒見過的、瘋狂又驚險的行為。

　　早期 YouTube 這類影片通常都是拍攝人們從事極限運動。當然，運動節目一直以來都是人們愛看的，世界各地都是如此。幾種主要的傳統運動，例如足球、棒球、美式足球、籃球、曲棍球、賽車、高爾夫球等，長久以來都是電視上大量播放的節目。這類節目向來都能獲得很高的收視率。像是美式足球的年度決賽超級盃在美國就能吸引九千萬名觀眾觀看，世界杯足球賽和奧運吸引到的更是世界各地的觀眾。

　　然而，到了西元二〇〇〇年代中期，不少像是滑板、極限單車 BMX、滑雪板等新式運動興起，在年輕觀眾群間廣受歡迎，但是這些運動並沒有獲得在傳統電視媒體上曝光的機會。能量飲料公司紅牛（Red Bull）見狀，便踏進來填補這個空缺。紅牛自那時起便成為極限運動最大的擁護者，開始替年輕選手打造具十足可分享性的影片，內容多半是拍攝運動選手從事極度驚險的行為，像是在單車上翻滾、跳躍懸崖，或是從飛機上躍下

的高空跳傘等。這項策略發揮了難以想像的威力，紅牛的影片獲得數十億人次的點閱率，還將紅牛推向品牌形象最成功的世界王者寶座。隨著每一次影片獲得成功，紅牛就會大受鼓舞，下一支影片就會製作出更加大膽的內容。最後，這促成了紅牛在二〇一二年推出這支震驚世人的傑作：《菲利斯・波嘉特納十二萬八千英尺之上的超音速自由落體跳傘》（*Felix Baumgartner's supersonic freefall from 128k*）。在紅牛的贊助之下，這支影片拍攝的是奧地利知名特技跳傘家菲利斯・波嘉特納（Felix Baumgartner）搭乘一只特製的氮氣球升到大氣的平流

 ▶《菲利斯・波嘉特納十二萬八千英尺之上的超音速自由落體跳傘》，由紅牛於二〇一二年十月十四日發布於 YouTube。
網址：https://youtu.be/FHtvDA0W34I

層，往地球一躍而下的自由落體實錄。我實在無法想像能有哪一支影片更值得被分享了！

第四類是「惡作劇」影片。

這類影片在 YouTube 早期非常轟動，到現在也還是。我們知道人們都喜歡驚喜，早期的 YouTube 創作者也發現，要是能捕捉人們面對驚嚇時的反應，簡直像是挖到網路上的金礦。一開始，這類惡作劇都頗為單純，例如二○○六年上傳的這支影片《史上最佳惡作劇！》（*BEST scare prank EVER!!!*）。一名叫做安迪的男子，他穿著連帽上衣，戴著一只恐怖面具，算準他朋友醒過來的時間，把朋友嚇得屁滾尿流。

▶ 《史上最佳惡作劇！》
網址：https://youtu.be/MkTlFM55xws

這支影片傳開之後，接下來的惡作劇影片不斷升級，拍影片的人不斷挑戰更高難度的惡作劇。二○一一年，深夜脫口秀主持人吉米・金摩（Jimmy Kimmel）策劃了一場惡作劇。他讓父母在萬聖節隔天，告訴他們毫無防備的小孩，說他們把萬聖節的糖果全都吃光了。小朋友聽到這句話之後的反應，簡直是無價珍寶，使得這支影片快速地擄獲六千萬點閱率。

▶《YouTube 挑戰：我告訴孩子我吃光萬
聖節糖果》（*YouTube Challenge — I
Told My Kids I Ate All Their Halloween
Candy*），由《吉米夜現場》（*Jimmy
Kimmel Live*）於二〇一一年十一月二日發
布於 YouTube。
網址：https://youtu.be/_YQpbzQ6gzs

　　過去十年來，惡作劇影片已帶來數十億的點閱率，
把像傑克・瓦爾（Jack Vale）和羅曼・阿特伍德（Roman
Atwood）這些用隱藏式攝影機拍攝惡作劇影片的人，變身
為身價百萬的 YouTube 名人。

　　最後一項，是「喜劇」影片。

　　喜劇影片一直都是網路上最受歡迎的類型，而且有
很高比例是屬於具有可分享性的內容。此類型的範圍極
廣，從站立脫口秀的單人段子，到深夜脫口秀節目主持

人的開場白[7]，或是業餘者的胡鬧劇，都可以算在內。網路上許多喜劇形式的早期開創者，都是從 Vine 這個以短影片為主的社群平臺起家的。

金恩・巴克（King Bach）是一位從 Vine 崛起的超大咖網路名人。巴克出生於加拿大多倫多，父母都是牙買加人。他後來搬到洛杉磯，加入了知名的即興喜劇劇團「廉價座位劇團」（The Groundlings）。他的影片風格前衛，採用真實世界的主題拍攝胡鬧劇，影片都結束在非常誇張、不合常理的結局。

Vine 上的影片長度最多只能到六秒，因此巴克的影片風格非常適合普遍患有注意力不足的 YouTube 世代。長於這種風格的巴克，累積了一千五百萬名粉絲，坐上 Vine 的第一把網路名人交椅。跳槽到 YouTube 和 Instagram 之後的巴克，仍舊擁有死忠的粉絲大軍，而他現在也成為傳統媒體的明星，演出電視節目像是《謊言屋》（*House of Lies*）和賣座的諷刺喜劇電影《格雷的五十道黑影》（*Fifty Shades of Black*）。他目前是社群媒體上粉絲人數第二多的非裔美國籍藝人，僅次於凱文・哈特（Kevin Hart）。

---

7 譯注：站立脫口秀和深夜脫口秀是美國喜劇文化的特殊產物。站立脫口秀原文是 stand-up comdy，由搞笑演員一個人站在舞臺上表演，類似單口相聲，經常在小型的俱樂部或酒吧表演。深夜脫口秀則是深夜播出的談話兼搞笑電視節目，經常在深夜時段現場直播。深夜脫口秀的慣例是會由主持人來一小段跟當天節目有關的開場白。

　　像吉米‧法隆（Jimmy Fallon）、吉米‧金摩這些深夜脫口秀主持人，也在網路上發布短片形式的搞笑劇，都非常受到歡迎[8]。挾著充足的電視節目預算，還有源源不絕的明星做為特別來賓，法隆和金摩過去十幾年來推出過不少可分享性十足的影片。

　　金摩有一系列記憶度非常高的自我詆毀型系列影片《名人讀推特》（Celebrities Read Mean Tweets），這是請名人到鏡頭前親自來讀關於他們的推文評論，但是呢，他們讀的卻都是網友寫的惡毒評論。法隆也有一系列很知名的單元影片《名人對嘴生死鬥》（Lip Sync Battles），邀請名人上節目彼此對戰，用「對嘴唱歌」的方式載歌載舞，最後看誰勝出。由於這系列影片實在太受歡迎，此單元後來被拉出來變成一個獨立的節目，在有線頻道史派克電視（Spike TV）上播出。

▶ 《名人讀推特 #1》
網址：https://youtu.be/RRBoPveyETc

---

8 譯注：吉米‧法隆的《今夜秀》（The Tonight Show）和吉米‧金摩的《吉米夜現場》都會推出以節目個別單元剪輯而成的短片，發布在網路平臺上。

雖然這些類型都廣受歡迎，但是你得留意，這些類型不一定適合你。舉例來說，大部分品牌並不會想對他們的客戶惡作劇，或是找人來從平流層跳下去。就連喜劇表演，其難以捉摸的特性對許多公司來說，也是執行困難度很高的類型。

再說，網路早期的許多內容，其實滿幼稚的。直到二〇一〇年之前，還是有非常多點閱率最高的影片都是從飛機跳出去的高空跳傘，或是有人被踢中胯下。第二波以後出現的網路內容才變得比較充實，較富有學習和啟發性，更能發掘人性裡正面的特質。這種內容才比較多用於品牌的宣傳。

可分享、可用於打造品牌的內容

好消息是，網路的發展已經趨於成熟和寬廣，有幾種新型風格更加適合企業用來塑造品牌形象。當中最主要的屬於「啟發型影片」、「教學型影片」，以及我們稱之為「見義勇為者」的影片。

啟發型影片的先驅之一當屬稱為「TED Talk」的 TED 演講，講者針對科技、娛樂和設計等主題發表演講。這三種主題的英文首字母分別是 T、E、D，其演講因此得名。TED 吸引了這些領域裡不少重量級名人，包含特斯拉（Tesla）電動汽車創辦人伊隆・馬斯克（Elon Musk）、

微軟創辦人比爾・蓋茲（Bill Gates）、英國物理學家史蒂芬・霍金（Stephen Hawking）等。這些演講不只為觀眾帶來啟發，也經常討論到極為常見的人性難題，為觀眾提供實用的資訊和指引原則。

　　賽門・西奈克（Simon Sinek）在二〇〇九年 TED 大會上的演講廣受分享，題目是《偉大的領袖如何鼓動行為》（*How Great Leaders Inspire Action*）。

▶ 《偉大的領袖如何鼓動行為》
網址：https://reurl.cc/x0yE8Z

　　西奈克當時還只是一位沒那麼出名的作家，他一個人站在臺上，只帶著一張白紙和黑色的麥克筆。西奈克為觀眾指出一個很簡單的問題：「為什麼某些人和某些機構就是比較擅長創新，比較能發揮影響力，也比較能夠獲利呢？」接著，他畫了一個他稱為「黃金圓圈」的圖，說明像賈伯斯（Steve Jobs）和小馬丁・路德・金恩（Martin Luther King, Jr.）這些成功的領袖，他們知道人們並不會對某項產品、運動或想法真正「埋單」，除非能讓人們了解到這些事物背後的原因。西奈克的影片成本非常低：在一只空白畫架上架設一張紙版，然後用一支麥克筆畫一個圓圈，就完成了。但是，這段演講蘊含的珍貴智慧卻吸引了超過四千萬次點閱，讓他的出版事業自此衝向高空。

教學型影片應該很好懂，其內容的題材非常廣泛，只要是教導觀眾學會或是更擅長某件事，就屬這個範疇。教學型影片聽起來可能很無聊，卻有些絕頂聰明的人想出非常有娛樂性和值得分享的方式，來呈現具有價值的知識。

來自美國堪薩斯州的麥可・史蒂文斯（Michael Stevens），創立了一個 YouTube 頻道 Vsauce，他就是娛樂性教學影片的實踐者。史蒂文斯的影片專門解釋數學、心理、哲學等領域的一些不尋常的問題，但他用的方式不僅有趣，又能刺激人主動思考。他的影片標題多半是問句，例如：「黑暗的速度是多少？」、「沒有大腦，你能做什麼？」這些影片利用科學和創意思考來檢視我們看世界的方法。史蒂文斯在影片中展現的特立獨行的人物設定，成功獲得全球觀眾的迴響，二〇一八年時，他的 Vsauce 頻道已有一千三百萬訂閱。

另一個別出心裁的教學頻道是「每天都要更聰明」（Smarter Every Day），由一位美國工師戴斯丁・山德林（Destin Sandlin）於二〇〇七年創立。他的影片透過科學的眼光來探索我們日常的世界，討論過的題目從刺青的原理、為什麼貓能夠在空中翻滾，到馬桶沖水漩渦的真相等，包羅萬象。該頻道的影片具有引人入迷的風格，點閱率總計已超過四億。

我的分享力公司，則在二〇一六年跨入教學領域，與藝人大地王子（Prince Ea，本名理查・威廉斯 Richard

Williams）展開合作，製作公眾教育的作品。大地王子是一位口述（spoken word）藝術家，擁有大群臉書粉絲，他製作的影片都有他想傳達的訊息。這項企畫是由芬蘭的納斯特石油公司（Neste）贊助，其慈善事業的使命是推動教育改革。

　　我們為這項作品想出一句大膽的中心口號：「我們要把美國失敗的教育體制送上審判臺！」理查寫了一首饒舌詩，題目是〈我把學校制度告上法院！〉（*I Just Sued the School System!!!*）。至於影片的內容，則是由理查扮成一名檢察官，站在法院裡，大聲控訴美國的教育體制。他的開場白這樣說道：「陪審團的各位女士、先生，我今天要控訴的是現代學校制度。」

　　他所傳達的獨特訊息，結合了大膽的語言和驚人的視覺影像，發揮了頗為可觀的影響力。這支影片的標題為《美國人民控告學校制度》（*THE PEOPLE VS. THE SCHOOL SYSTEM*），很快在網路上傳開和不斷轉貼，最後達到三億五千萬次觀看和九百萬次分享，使之成為網路史上最多人分享的公益短片。

▶《美國人民控告學校制度》
網址：https://youtu.be/mzhXScBlt_Q

　　這支影片的成功，證明了看起來無聊至極的主題若能用有趣的方式呈現，仍能引起許多人分享。這樣的結果為企業、基金會和議題倡議人士開啟了新的大道，他們也能製作和分享跟社會議題有關的內容，吸引更多人的關心。

　　只要執行的方式正確，教學性內容也能充滿活力、令人想分享，而這也是它成為網路上成長速度最快的影片類型的原因。

　　「見義勇為」型的影片，則屬於能讓人感覺良好的影片，例如某個個人或團體致力於幫助其他人，或讓那個人的生活變得更好。這類型內容在過去幾年間出現相當強的成長氣勢，推測是跟近期幾次選舉出現的兩極化政治性內容有關。（順便很快地提一下政治性內容。我們不會在本書中討論政治性內容的病毒式爆紅度，因為這類內容多半是靠著否定、恐懼、分化來帶動流量，這些特性對品牌擴大毫無助益。）

　　見義勇為式的內容在早期有一個很好的範例，就是二〇〇六年由使用者 PeaceOnEarth123 貼出的影片《免費擁抱運動》（*Free Hugs Campaign*）[9]。影片當中，一位戴著眼鏡、穿著休閒西裝外套的蓄鬍年輕人，站在廣場上舉著一張標語，上面寫著「免費擁抱」。他在人群中看起來很尷

---

9 譯注：原文是 free hugs，多半直接譯為免費擁抱，其實譯為「愛心擁抱」比較貼切，這裡的意思是單純地給予擁抱，不為什麼目的，所以是「免費」的擁抱。

尬，四周的人潮不是對他視而不見，就是朝他笑一下，然後掉頭就走。但是，當一位老太太停下腳步，對他說了幾句和藹的話並給他一個擁抱之後，一切便為之改觀。很快地，好像有一個開關被打開似的，每個人都敞開心房擁抱彼此，還有人自行將狂野和歡欣的變化加到這個擁抱動作當中。搭配由病小狗樂團（Sick Puppies）所唱的歌曲做為背景音樂，這支影片衝上七千萬點閱率，證明了一個小小的善意舉動確實能引發超大迴響。

▶《免費擁抱運動》
網址：https://youtu.be/vr3x_RRJdd4

　　分享力公司也很喜歡製作見義勇為型的內容，我們跟韓國現代汽車（Hyundai）、AT&T 電信公司、Adobe 軟體公司合作這類型影片，都得到很好的成果。我最喜歡的其中一項企畫，是我們為 Adobe Photoshop 拍攝的一支影片。

　　這支臉書影片《颶風哈維修復計畫》（*Hurricane Harvey Restoration Project*），是一群高中生幫助颶風受災戶修復他們的家庭照片。當時發生嚴重水災，許多家庭的相本都因為泡水而毀損，這些學生使用 Photoshop 軟體來修復這些珍貴的照片。接著，參與的學生拿出新裱框好的照片秀給毫不知情的照片主人看，得到這番驚喜，後者不禁流下眼淚，喜悅之情在雙方之間流動著。

▶《颶風哈維修復計畫》
網址：https://m.facebook.com/
watch/?v=10156062613239805&_rdr

這支影片創造了超過七百萬觀看數並得到全國性媒體的報導。同時，這支影片也給了我們一個心酸的提醒，在悲傷的時刻，一件小小的善心之舉就能發揮巨大的作用。

簡單來說，要具有可分享性有很多方法。潮流一直在改變，但是，當我們研究過去和他人的成功案例，你就能隨之調整你的策略，做好準備，製作出讓觀眾不僅想看，也想分享的內容。

了解並運用可分享性的原則，是你最需要精通的原則。讓人們分享你的內容是擴大觸及率的關鍵，並幫助你找到願意關注你的品牌的觀眾。分享就是聖杯，當人們願意分享，就表示他們會關心，當他們願意關心，他們就願意購買。這種心態跟信念有關，因為你必須相信終有一天會輪到你。與其突然冒出來，將你的訊息強加於別人身上，不如先與人們產生互動，再與他們建立關係。

在此思維之下，可分享性基本上就是「做廣告」的相反，我們不如將之稱為「反廣告」吧。做廣告是一條單行道，只從品牌通往客戶；而分享卻是一條多線道高速公路，在這條高速公路上，一個朋友推薦某個產品給其他人，為其帶來新客戶的同時，也將品牌的可及之處

拓展開來。

　　如果你讀完這本書，只記下一樣事情，我希望是這個公式：「具有可分享性」。

公式 2
了解分享這門科學

　　現在，你已經明白可分享性的重要性，也看過幾個可分享內容的範例。現在，讓我們問一個深一點的問題：為什麼人們會分享內容？

　　這對你的內容能否自然擴散出去至關重要，不過，人們會按下分享的原因，可能會讓你感到驚訝。依照我們的經驗，人們分享普遍基於一個原因：自私。

　　可是等等，分享的概念不是跟自私正好相反嗎？

　　當然，分享這個行為是無私的。畢竟，分享就是關心。但你做這件事情的「原因」則百分之百因為自私。

　　以某個慷慨的分享行為來說，例如將一份三明治切成

兩半，將其中一半分給需要的人。很無私的行為，不是嗎？何況你肚子很餓，而且你用腳踏實地賺的錢買了這份三明治。所以，你做了件非常了不起的事情。你做這件事情的感覺如何？

我猜一定很棒。

你認為你將三明治分給別人，是因為那讓別人感覺良好，還是因為這個「給予」的動作讓你對自己感覺良好？如果你誠實回答，有可能是因為後者。

研究發現，對於給予者，施比受讓他們感覺更好。二〇一七年，瑞士蘇黎世大學（University of Zurich）的學者拿這個理論進行測試。他們對五十名男女的心情先進行臨床檢查，再做核磁共振。接著，他們給予受試者金錢，但是附帶一項條件。其中有一半的人得到的指示，是這筆錢必須全數花在他們自己身上；另一半的人則被告知必須花在其他人身上。最後，受試者又再次接受檢查。結果發現，給予金錢者的心情普遍較佳，而其核磁共振結果顯示，在腦部跟利他行為有關的部分呈現較佳的活動率。

那麼，如果大部分的分享行為，骨子裡都是自私的，為什麼分享仍舊表現出關心呢？事實上，的確如此，而且分享與關心之間的關聯性甚至更強，這對於品牌而言特別有益。你分享某個東西是因為你關心，你關心的並非是你分享出去的對方，而是你分享的事物。舉例來說，如果你分享了嘻哈藝人傑斯（Jay-Z）和碧昂絲（Beyoncé）最新

合作的歌曲，並不是因為你想讓朋友關心最新的嘻哈音樂潮流，而是因為你是他們的粉絲。

這是一個很重要的概念，也是分享力公司在制訂策略時經常善用的概念。讓人們關心我們的廣告，他們就會分享，當他們分享，他們就是在告訴世人，有一件事值得每個人花些時間來關注。換句話說，就是你的品牌值得人們花時間來關注。這就是任何人所能做的最好的背書了。

「臥室之牆」演變成「數位之牆」

要了解各種社會動態如何組成人們分享的網路內容，需要了解「臥室之牆」是怎麼演變成「數位之牆」的。

一九八〇和九〇年代，青少年的臥室牆上會告訴你他們是什麼樣的人，或者更準確地說，他們想變成什麼樣的人。對男孩而言，他們貼過的海報可能會有超脫樂團（Nirvana）的主唱科特‧柯本（Kurt Cobain）、籃球明星麥可‧喬登（Michael Jordan），或是電影《魔鬼終結者》（*The Terminator*）。女孩可能會貼上小甜甜布蘭妮（Britney Spears）、李奧納多‧狄卡皮歐（Leonardo DiCaprio）的海報，或是輪流貼上從雜誌裡撕下來，當時當紅的男孩團體的照片。隨著每一次有新樂團脫穎而出，新的螢幕情人成為萬眾焦點，或是又有哪個時尚潮流新登場，他們就會隨著更換牆上的裝飾。

　　這種文化已經消失了。現在,從青少年到千禧世代,甚至到嬰兒潮世代,每個人的「牆」上都貼著他們的社群媒體資料。只是此牆非彼牆,現在的牆,已成了每個人社群媒體的數位動態牆。這些數位之牆能夠說明我們如何呈現自己──從我們對自己的描述,到我們選擇貼出的照片、內容及連結。每一支被按讚或分享的影片,都透露了一些關於按讚或分享的人的事情,亦即,我們不只是單純地貼出或分享影片,更重要的是我們希望別人知道我們喜愛這些事物。這就是我們在世界上呈現自我的方式,以及,最終希望別人如何看待我們。

　　重點在於,人們按讚或分享網路內容,並不是為了他人而做,而是為了定義他們自己,根據某份內容會讓他們得到如何的呈現和感受而定。簡單來說,人們做這件事是基於服務自我或自私的原因。

　　理解這樣的人性因素是如何讓我們建立社交、讓我們向世人呈現自己,是創造可分享內容的要點。我們需要把自己放在潛在觀眾的位置,揣摩他們的想法,思考他們若是分享了我們的內容,能夠得到什麼樣的價值。

　　這樣說好了,有個品牌拍了一部傳統型的電視廣告來宣傳某個護膚產品系列。這支影片拍得非常精緻,拍攝團隊使用的攝影機、打光技巧都是最先進的,內容是告訴大家該產品有多好。請問人們會分享這支廣告嗎?

　　我們知道公司會樂見人們分享該支影片,但是,就說

某個青春期女孩好了，她能從分享這支影片得到什麼嗎？
為什麼她會想做這件事？答案很明顯：她恐怕不會分享。
不過，說「明顯」仍舊令我感到有些遲疑，因為大部分品
牌並不十分了解分享這個動作背後的動態組成因素。

　　我不是故意要挑剔誰，姑且拿美國服裝品牌 J.Crew 為
例吧。提到 J.Crew，誰不愛他們價格實惠，而且真正實穿
又耐穿的衣服？近年來，多虧了他們推出的路德羅男士西
裝（Ludlow suit）和剪裁流暢的女裝，J.Crew 已經成為許
多剛出社會的年輕上班族衣櫥裡必備的上班服品牌。所以
說，這個品牌已經建立起某種程度的口碑，足以做出讓千
禧世代產生共鳴的可分享內容。

　　是的，J.Crew 曾在臉書上發布一支影片，主打他們的
修身完美 T 恤。但在我看來，這支影片就像一支無聊的廣
告。影片內容是一個男人在講述這件 T 恤有多合身，它用
的棉有多好。結果呢？J.Crew 臉書有一百八十萬名粉絲，
這支影片僅僅得到「一次」分享。對了，它還得到一則留
言，只有簡短兩個字：「無聊」。我覺得該則留言差不多就
總結了這支影片！

　　現在，讓我用分享力的一項企畫來做對照範例。這
是我們幾年前替 Freshpet 寵物食品公司拍的影片，標題為
《Freshpet 佳節大餐》（*Freshpet Holiday Feast*）。Freshpet 總
公司位在紐澤西州，專門製作全天然的寵物鮮食──因為
是鮮食，所以必須全程冷藏，而這本身就是一個具有分享

性的產品概念。Freshpet 是率先在目標百貨（Target）和沃爾瑪超市（Walmart）等零售通路設置冰箱以冷藏產品的其中一家公司。

就跟 J.Crew 一樣，Freshpet 販售的商品本身已經很強了，不僅好評不斷，也建立起一批忠實顧客。不過，Freshpet 的困境在於，只有少數人知道他們的產品。為了突破此問題，他們曾經嘗試過傳統型廣告，雖然因此獲得一些知名度，但公司並沒有足夠的預算能打入廣大的觀眾。

當他們找上我們之後，我們問自己一個問題：「愛狗人士喜歡在網路上看什麼？」請注意，這個問題並不是「網友想要看到 Freshpet 的產品好在哪裡？」，這要等到稍後才需要探討。加以研究之後，我們認為愛狗人士會喜歡看到寵物做出像人類般的行為。從這裡開始發想，《Freshpet 佳節大餐》就這樣誕生了。

▶《Freshpet 佳節大餐》
網址：https://youtu.be/vhg7Xm4FXAY

在這支影片當中，我們讓寵物像人類般活動——牠們具有人類的雙手，穿著人類的衣服，圍坐在餐桌旁享受佳節大餐。我們找來十三隻狗和一隻貓，讓牠們穿上應景的服裝，「每一位」都扮演一種在重要的節慶聚餐上，你一定會遇到的某種典型的朋友或親戚。這群令人忍俊不禁的

動物演員扮演的類型包括：喝醉酒的舅舅、心不在焉只想玩手機的青少年、熱戀中的情侶，當然，還要有一隻「貓老大」坐在主位。

影片沒有任何對話，只有歡樂的節慶背景音樂從頭播放到尾，內容是所有賓客坐下來享用 Freshpet 鮮食大餐，還有他們彼此間的互動。影片大約兩分鐘長，品牌亮相的程度很低，影片結尾打出一張字卡，引導觀者前往 Freshpet 的網站。為了替這項企畫增加一些花絮，我們還與當地的國際人道協會（Humane Society）合作，由他們提供演出的狗狗和貓咪，並在影片拍攝完畢後開放觀眾認養（最後全都獲得認養了）。

因此，我們並沒有把焦點都放在 Freshpet 上，而是著重在飼主的喜好，為他們拍攝一支娛樂性十足的節慶影片，再加上一點讓人感覺良好的小活動。這聽起來是否像是一支寵物主人會想分享的影片？沒錯，這支影片得到瘋狂的分享，它是史上品牌宣傳最成功的一支節慶影片。我們得到的點閱率飆到超過一億次，分享達到數百萬次，還獲得全球性媒體的注意，從美國廣播公司（ABC）、網路新聞網站 Mashable，到具有文青色彩的網路媒體《赫芬頓郵報》（*Huffington Post*）都給予了正面報導。

人們會想分享這支 Freshpet 影片，是因為它有趣、引人發笑。再者，將之貼上數位牆後，還能增強別人的印象，認為他們具有幽默感。

　　你會說，這些都很好，但是 Freshpet 呢？他們從這裡面又得到了什麼？

　　他們所得到的超乎你的想像。前往 Freshpet 商品販售店頭的交通流量，成長了超過百分之三千。後來這家公司公開上市，執行長接受彭博新聞社（Bloomberg）採訪時還特別提到這支成功影片的幕後功臣，也就是分享力公司。其後的每一年，這支影片都會在聖誕季前再次上傳，然後再度得到瘋傳，為 Freshpet 再多贏得上億次的觀看和關注。

　　總結來說，這支影片對公司的利潤發揮了確實且可測量的效果。可分享性發揮作用時，就能有這麼大的威力。

五大可分享情緒

　　行銷人員長久以來會用情緒來與消費者產生互動，鼓勵他們與品牌建立連結。我們在會花極其大量的時間，來思考為什麼人們會分享內容。我們不斷地閱讀、做研究，測試最新潮流和理論，讓我們更深入了解如何才能獲得他人得不到的優勢，促使人們進行分享。

　　很多人寫過長篇大論的文章，討論人們在情緒的催化下會進行分享。從我們的工作經驗和研究當中，發現在網路上推動不成比例的分享數，有五個關鍵。我們將之稱為「五大可分享情緒」，隨著我們持續與各大品牌和名人合作，這個焦點研究永遠不會終止。

以下是五種情緒及其觸發因素的說明。

1. 快樂

第一種可分享的情緒是快樂。快樂的內容,就跟你想的一樣,這種內容會讓看的人感到快樂。當你感到快樂時,你會想怎麼做呢?通常的狀況是,你會想與朋友分享這種感受。人們喜歡分享帶來快樂的事物給他們在乎的人,因為那也會讓他們感覺很好。

能為人帶來快樂的影片也是一樣。特別是現在,我們經常在社群或傳統媒體上看到兩極化的內容,這讓人感覺世上充斥著負面和撕裂。(事實並非如此,數據顯示,我們的世界仍舊是一個相對快樂而合一的地方,不過這不是我們現在要討論的話題。)在這種人們容易感到痛苦的環境下,快樂的內容能發揮令人難以想像的力量。如果你能逗人發笑,或至少為他們這天帶來短暫的正能量,就能帶來巨大的成效。我們都想讓我們所愛之人和朋友感到快樂,對吧?

這個類型包含所有前面提到的「可愛嬰兒」影片,以及有趣、通常有點傻氣或可愛、不需要費力去思考的內容,我們將這稱為「網路糖果」(Internet Candy),《Freshpet 佳節大餐》就是一例。

這種類型的另一個範例,是我們為奧運所做的影片。

　　奧運是世界上最知名，也最受人尊敬的品牌之一。由於冬季和夏季奧運交替舉辦，等於奧運每兩年就受到全球矚目一次，所有傑出運動員都要在這場盛會上獲得表揚。十六天的競賽期間，奧運比賽基本上就是地球上最盛大的一場秀。不過，奧運休賽的時間可說是奧運火炬最黯淡的時刻。國際奧委會的內容部門找上分享力，他們想推出一個奧運的數位平臺頻道，讓觀看者和粉絲在非奧運期間仍能保持互動。我們很清楚，體育類內容在比賽舉辦期間的話題熱度很高，但在「停賽季」就不會有那麼好的收視率，因此我們設計了一項影片企畫，企圖主打人類共有的喜悅之情。

　　智囊團想出了一個讓小嬰兒參加奧運競賽的主意，結果這支影片為我們締造了分享力史上最好的成績之一。我們讓可愛寶寶歡欣地來參加振奮人心的奧運賽事，打造出與眾不同的影片，不僅引起許多人會心一笑，也促成了許多分享。《寶寶的奧林匹克》（*Baby Olympics*）成為二〇一七年最成功的爆紅影片系列之一，在全世界拿下超過一億五千次觀看和三百萬次分享。

▶《寶寶的奧林匹克》
網址：https://youtu.be/x04jgjQ_hLI

　　對品牌來說，運用「快樂」的內容幾乎可說是打廣告的相反。一則典型的傳統廣告當中，品牌幾乎都是拍著胸脯，告訴目標觀眾為什麼應該買他們家的產品。這種廣告是一種極為單向的對話，對於閱聽者來說，價值很低。經常造成的結果是，人們只想轉頭就走。

　　製作一支讓人感受良好的影片，品牌就像是在對它的觀眾說：「這支影片是為您而拍，我們希望能為您的這一天帶來美好。」如此一來，就把一支自私的廣告內容轉化成無私的善心之舉。而且，當你為其他人做了某件好事後，別人會想給予回報。我們已經一次又一次看到，當品牌反其道而行，不再拚命地向觀眾「打廣告」，而是提供他們有價值、出於無私的事物時，觀眾會回報十倍之多。

　　他們的回報可能是他們的關注、行動，或者荷包，無論是什麼，你都已經跨出了跟客戶建立關係的第一步。

　　當中一個很重要的要素，而且是品牌已熟悉且可量化的概念，就是品牌情感。品牌情感是用來衡量一般大眾或某特定族群對於品牌的想法和感受。當消費者對某一品牌具有正面的感受時，他們較可能會花費金錢在該品牌，而不是其競爭品牌上。製作這類快樂型的內容正好就能實現此目的。這會讓品牌比較討人喜歡，比較容易產生共鳴，還有比較……人性。

我們已經一再見識到此做法的功效。品牌情感提高，業績就會提高。這兩項指標的關聯非常直接，而且非常容易衡量。

要創造快樂型內容，就要先從你想觸及的觀眾下手，弄清楚他們喜歡在網路上看什麼樣的內容。然後，給予他們那樣的內容。當然，你也需要知道該如何將你的品牌或產品用有意義的方式與內容建立關聯，而這其實並不困難。

2. 驚嘆

驚嘆是一種敬畏的情緒，經常夾雜著一點畏懼和驚奇。當人們看到過去從未看過的新奇、瘋狂或有趣事物，就會引發這樣的情緒。通常是人或動物做出讓人印象深刻的特別舉動，或者是令人咋舌，禁不住發出「哇」一聲的無私行為。

我永遠不會忘記，第一次看到二〇一二年紅牛贊助的平流層跳傘影片時的情景：

> 「醫療監測系統正常。」暫停。「發射。」當氦氣球艙載著大膽的冒險家菲利斯・波嘉特納，向太空發射出去時，控制室裡響起有節制的鼓掌聲。
> 「順利升空……菲利斯目前高度兩萬五千三百英尺，持續爬升中。」

「目前十萬八千英尺……面罩有發熱狀況……任務要繼續……已經決定了，菲利斯會按計畫跳出去。」

菲利斯打開艙門。控制室裡的巨大螢幕上出現從他的主觀視角拍攝到的畫面：地球。

「跳躍者離開……」

他跳進平流層。

「……時速六百五十英里……七百五……七百二十九……菲利斯穩定降落……」

接下來的時間，感覺好像永恆那麼久。

「降落傘打開……菲利斯安全回到地球。」

每個人一看到菲利斯安全落地的畫面，控制室裡立刻轟然響起掌聲。菲利斯抱膝跪地，接著站起來向大家鞠躬。

有「王牌飛行員」之稱的美國空軍軍官查克・葉格（Chuck Yeager）是第一位達到超音速飛行的人類，但他是坐在飛機裡的；菲利斯・波嘉特納則是不靠任何飛機而達到超音速的第一人。只穿著太空裝，沒有乘坐任何飛行器，菲利斯朝地球自由落下的途中達到時速一千三百五十七公里（或一・二五馬赫[10]），打破自由落體的世界紀錄。

10　譯注：馬赫是速度的量詞，一馬赫即為一倍音速。

　　這類驚嘆影片是 YouTube 早期的經典必備內容。分享力剛成立時，曾經跟一位叫做戴文的年輕拍片者合作，他後來使用 Devinsupertramp 的帳號，轉型經營 YouTube 頻道。他是個「驚嘆之王」。他專門找年輕人從事看起來不可能（或說並不明智）的冒險行動，然後精采地順利完成，使人大感驚奇一番。

　　戴文曾和幾個朋友〔其中包含分享力的共同創辦人卡麥隆・曼沃寧（Cameron Manwaring）〕，在猶他州山上一個自然形成的巨大石橋上，用繩索製作了一個巨大的盪鞦韆，拍攝了一支驚人的影片。這支影片採用優美的電影風格呈現，觀眾可以看到戴文及其團隊成員在身上繫緊繩索，從懸崖的一側跳下、不停擺盪，他們身上戴著極限運動愛用的高畫質 GoPro 攝影機，拍下極其自然的畫面，達成了很好的宣傳效果。這支影片發布至今已經過了十年，但它還是不禁使人發出一聲：「哇！」

▶ 《世界最大繩索盪鞦韆》（*World's Largest Rope Swing*）
網址：https://youtu.be/4B36Lr0Unp4

　　運用驚嘆型影片可以達到強大的效果，但事實上，這類影片已不再保證會大受歡迎了。網路影片剛開始發展時，只要拍出一支能讓人發出「哇」一聲驚嘆的影片，分享率一定會衝破屋頂，熱門影片輕鬆到手。不過，一年年

過去，更多內容如潮水般湧上網路世界，這場吸引目光的競爭者如雨後春筍，要獲得成功變得越發困難。

當二十出頭的戴文剛開始和朋友從事這種從懸崖上跳下來的危險活動時，他是唯一會這樣做的人（或者說做得好的人）。然而，現今各類成千上百的社群媒體、頻道，都努力想在這場競賽中脫穎而出，拍出最轟動、最厲害的影片。而且，還有大型媒體公司專門在網路上地毯式搜尋人們拍的影片，並大量地向他們購買版權。如果你想加入這場競賽，只是找來一批年輕俊男美女從懸崖上跳下來，已經不再能讓你分到一杯羹了。現在，你必須真的非常傑出，才能打敗眾對手。

到底該怎麼做呢？以分享力公司而言，我們已經不再從事體能性質的「神乎其技」了，而是嘗試在情感層面打動人心。不要誤會我的意思，我們偶爾還是會動用爆破特技，或是執行漂亮的體能性演出，但隨著網路世界越來越眾聲喧嘩，每個人都競相獲得關注，我們選擇安靜下來。我們不再從事類似讓人從直升機上跳下來的特技，而是開始探索一個截然不同的「哇」的境界。

這個做法顯然是反其道而行，不仰賴攝影技巧或透過體能表現使人震懾，而是要引導人們為其他人做一件事，藉此在觀眾心裡油然生出讚佩之情。你看過影片是拍攝學生為他們的老師做一件了不起的事嗎？或是關於人們願意奉獻自我，拯救珊瑚礁、參與瀕危動物的保育，或是替弱

勢兒童製作樂器的影片呢？如果這類影片會出現在你的社群動態，恭喜你，你就跟其他人類一樣，喜歡看人們幫助別人、做出了不起的無私舉動。

因為洞察此點，讓我們能勸服客戶採取新方向，勇於衝撞一般潮流，並尋找和探索新的利基。創意總監喬爾・博格瓦爾（Joel Bergvall）就是發展出新的驚嘆型影片的人，他單純自問：「什麼會讓我感動？」而《魔戒》（*Lord of the Rings*）電影三部曲就是他的靈感來源。

你可能很熟悉第三部曲的劇情高潮：遠征隊成員一起來到通往魔多的各個山口，奮力攻進，尋找被困在裡面的佛羅多和山姆，然後一起毀滅魔戒。遠征隊曉得他們必須將索倫之眼的注意力引開自己的領土，但他們人數不足，而且只要他們一個不小心，必死無疑。為此，亞拉岡向他的軍隊大喊：「為佛羅多一戰！」就這樣，他們出動所有軍力，由哈比人引導大家在戰火中衝鋒陷陣，冒著生命危險讓他們的朋友在驚險時刻逃過一劫。

無庸置疑，這是三部曲電影中最令人情感澎湃的瞬間。創意總監喬爾看著這段激昂的劇情展開，並留意到他自己的情緒起伏，因此他了解到，「人們為他人無私的付出」是其中最重要的因素。從此，我們便採納喬爾的這項發現，搭配以人們建立社交互動的共通常識，以此為基礎建立一個以讓人發出情感層面的驚嘆的類型，讓我們從中發揮，拍攝具有高度可分享性的影片。

第一章曾提及我們為 Adobe 軟體拍攝的影片，便是我們執行過這類型的一項企畫。Adobe 公司來找我們，並表示：「我們想對學生族群宣傳繪圖軟體 Photoshop。」我們帶著這句簡短到不行的簡報，回到公司仔細研究他們想要觸及的觀眾，思考觀眾會想看到什麼類型的內容，要用什麼樣的情緒才能打動他們。我們清楚地知道，「驚嘆」的情緒是我們的首選，而「人們值得讚佩」則是極為貼切的次類型。

於是，我們想到由一群學生運用 Photoshop，為遭受颶風哈維侵襲的災民修復他們珍貴的照片。我們為這支影片設計了一套架構：首先，與受災民眾見面，讓他們觀看學生使用電腦軟體處理照片；最後的高潮來臨，學生們帶著修復完成、印製出來並裱框的照片，親手交給那些以為他們永遠失去照片的民眾。

最後拍出來的成果，簡直是滿滿的洋蔥，以至於我們在會議室為客戶播放時，我們自己卻不敢看。即使已看過上百回，看的時候還是禁不住哽咽。我們所設想的情緒目標為 Adobe 帶來了豐碩的成果，現在他們已成為我們的常態客戶。

3. 同理心

　　許多人會將同理心和同情心搞混，它們是不同的東西。同情心是你對某人的處境感到難過，即使你從未見過那人，也不知道那人做何感受。同情心的範圍非常廣，而且是客觀的；同理心則非常具體，是極為私人性質的情緒，因此同理心的威力更強大。

　　同理心會讓人設身處地為他人著想，真正去理解他人對某件事的想法，並親自體驗那種感受。同理他人，意思是你和對方具有相同的感受，這能建立起情感上的連結。具有同理心並不代表你需要憐憫他人的苦痛或意見。

　　同理心是一種難以真實傳達出來的情緒，但要是做得好，同理心能促成大量的分享，因為人們都會想以富有意義的方式與其他人產生連結。

　　舉個例子：海尼根（Heineken）在二〇一七年的宣傳影片《分歧的世界》（*Worlds Apart*）裡，進行了一場同理心實驗，試圖打破人們對他人的刻板印象。海尼根找來人類行為專家、倫敦大學金史密斯學院創新主任克里斯・鮑爾博士（Dr. Chris Brauer），試圖探索當一個人對某件事抱有根深柢固的看法，在與另一位抱持相反見解的人互動之後，是否較能接受不一樣的觀點？換句話

11　資料來源：Good Campaign of the Week: Heineken "World's Apart" https://www.brandingmag.com/2017/04/23/good-campaign-of-the-week-heineken-worlds-apart/

說，他們是否會變得較能同理對方？鮑爾博士的研究顯示，如果人們先找出共同的立足點，就比較能同理另一位持相反立場的人 [11]。

最後，海尼根推出一支四分鐘影片。一開始，影片畫面先放出一張字卡，問觀眾一個問題：「兩個意見相左的陌生人，是否能證明，有什麼是能讓我們並肩而坐，而不是使我們更加分歧？」他們找來六名互不相識的陌生人，兩兩分組。每一組人都對彼此毫不了解，但觀眾會先看到一段短片秀出他們對某件議題發表各自相反的強烈言論。一位認為女性主義就是「厭男症」的男士，搭配了一位女性主義者。一個否認氣候變遷存在的人，聲稱那些倡議氣候變遷問題的人都應該改去關心真正存在的實質問題，你可以猜到這個人被分到跟一位氣候變遷的倡議人士為一組。一位跨性別女性，則和一位認為性別認同不應該有絲毫模糊地帶的男士分在一組。

首先，每一組都先彼此介紹自己，接著依照現場給予的零件和指示，一起組好兩張凳子。椅凳組好之後，他們被告知要坐在凳子上，然後用五個形容詞來描述自己。當他們在思考這些形容詞時，他們開始了解彼此，談及私人的事情，例如成長過程中經歷過的困難等等。簡單來說，他們開始彼此交談，與對面新結交的朋友建立同理。接下來，每一組都被交付另一項任務，並且要共同完成，像是組裝一道酒吧櫃檯。一點一滴地，他們

剛萌芽的友誼逐漸成長。

　　想必你也料到，最後爆點來了，他們眼前出現大螢幕，播放出方才觀眾已經先看到的短片，眼睜睜地看著新結交的朋友大肆發表與自己完全相反立場的強烈言論。當他們正在消化方才看到的東西時，每一組人又得到一張指示卡片：他們可以選擇立刻離開，或是，也可以坐下來，喝瓶啤酒，討論彼此的分歧點。每一組人都選擇留下來，延續先前的交談，並開始更能同理對方。

▶《分歧的世界》（*Worlds Apart: an experiment. Can two strangers divided by their beliefs overcome their differences?*）
網址：https://twitter.com/Heineken_UK/status/857194957249146880?s=20

　　海尼根與非營利機構「人性圖書館」（The Human Library）合作拍攝這支影片，這個機構專門透過對話來挑戰人們的刻板印象。影片推出後立刻造成轟動，因為它將人們的同理心充分地展現出來。

　　這個人類情感的核心可以用許多方式表達，但它經常被歸結為一種歸屬感。一則故事在觀眾心中創造對於歸屬感的渴望，就能夠引起共鳴，使人願意邀請他人也獲得歸屬感。這則海尼根的廣告，並不是特別想傳達某種特定的看法或信念，而是想傳達一種人性當中的歸屬感。

　　這支影片不僅大剌剌地展現人們之間的分歧，還展現

了人們確實具有能力放下他們眼中的強烈偏見或相左立場，讓我們明瞭，所有人都同屬一個相同的世界，都曾有類似的經歷，而我們必須接受這一點。

這一切又回到我們先前提過的青少年的房間牆壁，人們之所以分享，是因為那透露了他們希望別人如何看待他們。人們希望表現出他們也能夠包容，能夠忽略他人與自身的不同，想建立真正的對話，即便是與那些在基本信念或價值觀與自己大相徑庭的人。這是一種正面反省，分享這類內容能夠為分享的人做出正面的投射。

4. 好奇心

好奇心或許會殺死一隻貓，不過好奇心確實創造了無數歡樂的網路糖果。同時，好奇心也促成了許多人類史上的演進。《美國文化傳統字典》（*American Heritage Dictionary*）對於好奇心的解釋：想知道或學習的渴望。這種情緒自然成為促成我們製作每一支影片的動力，因為我們需要抓住觀眾的注意力。每支影片的第一幅畫面，功能在於讓人們對下一幅畫面產生好奇，想繼續收看下去。一支影片的前三秒鐘會吸引你繼續收看到第七秒鐘，接著到第十五秒、第三十秒……激發好奇心是說好故事的天然元素，要是無法做到，不會有人想聽你的故事。

想在影片中運用好奇心元素，要從影片的標題開始

（我們會在第五章細談）。先從標題開始抓住觀眾的注意力，讓他們產生足夠的好奇心，吸引目光、點開影片，然後觀賞。

下一步，要了解許多社群媒體的顯示是以「動態消息」為主，意思是影片在你滑動到它的時候，就會開始播放。這點非常重要，影片的前幾秒鐘最好能立即點燃觀眾的好奇心，否則他們就會一直滑過去，可能根本沒注意到你的影片曾經出現過。

同樣的道理也適用於你的影片截圖。影片截圖指的是影片的靜止畫面，如果你剛好不是使用無線網路，而是使用電信業者的行動數據連網路，影片就不會自動播放，而是顯示靜止的截圖畫面，又或者你的社群媒體設定是選擇用手機數據連線時「不要自動播放影片」，也會是如此。聽起來或許在技術面上有些吹毛求疵，但這些考量可能就是使你的影片成功或失敗的關鍵。在 YouTube 平臺上，影片縮圖一直是吸引網友好奇心的重要因素，雖然在以動態消息為主的平臺上，其重要性沒那麼高，但仍舊是一大考慮要點。

那麼，要如何運用好奇心製作出好的影片內容呢？你可能會對這個答案感到驚訝，那就是「教學」。別忘了，好奇心是一股想要「知道」或「學習」的強烈渴望。你恐怕認為教學都是很無聊的吧！

以我們與大地王子合作的影片為例。大地王子不僅是

一位口述藝術家，也是一名詩人和影片工作者。他為芬蘭納斯特石油公司贊助的一項教育計畫擔任代言大使，我們合作拍攝了一支以傳統眼光看來根本是不可能的影片。這是一支六分鐘長的公益短片，拍攝場景只有一個，由一名演員以現行教育體制為題進行演說。聽起來很吸引目光，是嗎？

　　這支標題為《美國人民控告學校制度》的影片，最後達到三億次觀看和九百萬次分享，是有史以來最多人分享的公益短片。是什麼因素奏效了呢？沒錯，就是好奇心。

　　這支影片開頭是一隻金魚的特寫，搭配愛因斯坦的一句名言（那句話的真實出處或許值得考究，但在這裡並不是重點）。接著，鏡頭轉到法庭，在由父母組成的旁聽席、由兒童組成的陪審團面前大地王子聲稱要控告學校制度。接下來，大地王子進行演說，他以純熟的技巧口述了一則關於學習的故事，每一句臺詞的末尾，他都設計了一個出乎意料又很有意思的論點，引發觀眾思考。從第一句開場白開始，他說出的每一個字都在吸引觀眾，激發好奇心，想知道他接下來要說什麼，以及最後的結論。利用細微手法揭露有趣細節，一步步帶進所有演員，運用道具、圖表，這支影片漸次加強其欲傳達的聲音，並在結尾以全場觀眾起立鼓掌做結。

　　人們會觀看這支影片的原因是因為好奇心。一開始是

對金魚感到好奇，然後是臺詞、場景、人物……接著對於他的論點感到更加好奇，想知道他接下來要講什麼。他的對白富有大量資訊，會激發你的好奇心，繼續觀看下去。你的大腦現在大量分泌多巴胺，因為這支影片讓你一直動腦。它在教育你，但是它用的方式是讓你感覺你正在發掘重要的資訊，這會讓人類的心智感到無比振奮。

然後，你會分享這支影片，因為分享它不只讓你看起來很有學問，也能激發其他人的好奇心，表示你分享的東西具有實在的價值，而這也會讓你對自己感覺良好。

以探討教育的現狀而言，這是一支很好的公益短片。

5. 驚訝

根據我們的紀錄，你可能會認為驚訝應該在五大情緒當中排第一位，或至少也是極為理所當然的一種才對。

在數位世界裡，沒有什麼比人類的反應更具強大威力了，而人類的反應中，沒有任何一種威力可以超越驚訝。

從始料未及的喜悅或單純的害怕，而突然有所領悟或認識新事物，從而導致驚訝的情緒。拍得好的影片，應該要結合多種類型的驚訝情緒，以達到最大的效果。

讓我拿分享力替美國的 Cricket 無線網路公司所做的企畫《不請自來的約翰‧西拿真的來了》（*Unexpected John*

Cena IRL (In Real Life)）[12] 來做例子。我們的團隊想到這個點子，是因為其中一人看到當時「不請自來的約翰·西拿」（Unexpected John Cena）這個哏被製作成許多迷因影片，在現在已停止服務的短影片平臺 Vine 上瘋傳。這些迷因通常是先播放一段正常的影片，中間突然穿插約翰·西拿在美國職業摔角大賽 WWE 的出場橋段影片，還要搭配他的出場音樂。

　　這個迷因的套路是這樣的：影片開頭可以是任何你能想得到的正常影片，像是老電影、卡通或任何 YouTube 影片。只是這些影片的共通點，都會演到要預告某個人或事物即將出現的臺詞或動作。這類橋段包羅萬象，像是蝙蝠俠的招牌臺詞「我是……」[13]，航空公司的安全須知：「您上方的板子會打開，露出……」，甚至是一個幼兒抓到魚，看著魚拍打魚鰭很驚訝的表情。接著，影片就會很突兀地中斷，跳到要介紹下一位選手出場的 WWE 主播大喊「約翰·西拿！」的畫面，並搭配約翰·西拿的出場音樂和視覺特效。

12　譯注：約翰·西拿（John Cena）是在美國摔角娛樂公司 WWE 表演摔角的職業選手，《不請自來的約翰·西拿真的來了》影片標題的原文 Unexpected John Cena IRL (In Real Life) 中，IRL 是 in real life 的縮寫，意思是「現實生活中」，同時因為業主是網路公司，IRL 又有和 URL（網址）諧音的意思。
13　譯注：這句招牌臺詞是蝙蝠俠用帶著氣音的低沉嗓音說出：「我是蝙蝠俠。」（I'm Batman.）這句話本身也已經成為一種迷因，被許多影視作品拿來諧仿。

　　換句話說，「驚訝」是這支迷因的主要構成元素。畢竟，這支迷因取名叫做「不請自來的約翰・西拿」，笑點在於透過製作迷因，讓約翰・西拿似乎總是在最想不到的地方突然跳出來，例如在任何最格格不入的影片結尾。

　　當 Cricket 無線網路公司找上我們，告訴我們有四個小時的時間可以跟約翰・西拿拍攝整部廣告片時，這個迷因哏已是家喻戶曉，而我們沒有任何頭緒。但我們想，促使約翰・西拿這個迷因如此瘋傳的元素是「驚訝」，如果我們也運用相同的元素，一定能拍出大家想分享的東西。如果我們能在真實世界裡讓真人實際去接受這份驚訝，一定會大受歡迎。

　　我們是這樣計畫的：

　　驚訝第一號，是讓約翰・西拿本人出來承認他曉得這個迷因的存在，這件事他過去從未做過。

　　驚訝第二號，是像約翰・西拿這樣的大名人可以輕鬆看待這股網路風潮，畢竟很多人可能會認為這個迷因是在取笑他的摔角人物設定。

　　驚訝第三號，會來自於影片本身，以及我們計畫要怎樣把這個迷因實現在現實當中。因為拍攝的是《不請自來的約翰・西拿真的來了》，我們必須以出乎意料的方式運用他這個人物。

　　驚訝第四號和第五號，就必須由透過影片裡的人物來替我們創造了，他們是影片中真的被西拿嚇到的人。第四

個層次的驚訝，是他們看到西拿以出乎意料的方式出現，頓時腎上腺素噴發，大感意外的衝擊瞬間。緊接著，是第五個層次的驚訝，由於我們請來的都是約翰‧西拿的死忠粉絲，他們看到本尊必定會立刻為之瘋狂。

　　現在，我們已經了解可分享的情緒和相關要素，就可以倒推回去，來創造實際要執行的點子。如同以往，最簡單的點子往往都是最棒的點子，在這個企畫裡中就更不用說了。Cricket 無線網路公司要為約翰‧西拿新推出專賣商店，因此我們找來一堆約翰‧西拿的超級粉絲，讓他們參加「Cricket 代言大使」的甄選——但這職位是我們假造的。我們要求參加者按照 WWE 主播的風格，對著約翰的等身大海報念一段介紹他出場的臺詞，算好時間，約翰本人就會衝破海報，出現在粉絲的面前。

▶《不請自來的約翰‧西拿真的來了》
網址：https://www.youtube.com/
watch?v=gyOft_Nax2U

　　而試鏡場景就設在 Cricket 公司的商店裡，就這樣，業主的品牌自然而然地融合到我們的畫面裡，到處都能看到品牌名稱，這讓業主非常高興。而這支影片最後衝上兩億兩千萬次觀看，促成了四百萬次網友互動。

　　這支影片如此轟動，以至於在我們跟 Cricket 的合作案結束、官方影片下架之後，至少還有七千次影片再上傳，

現在這支影片還在網路流傳。距離原始影片發布過了兩年，在我此刻寫這篇文章的當下，過去三十天中仍可在網路上找到七十六支新的副本影片。

不過，最重要的數據仍需直接來自我們的客戶Cricket。從影片流量而衍生的約翰・西拿商店實體業績，其轉換率比他們當時在市場上所做的其他廣告高出百分之三百。最終我們為客戶贏得實際且可評量的利潤，就是來自驚訝的單純威力。

其他能發揮作用的情緒

當然，許多其他情緒也能促使網友分享網路內容。喜悅、感激、敬佩、希望、自豪都是很好的要素。不過，能夠觸發分享的一種強大情緒，是「怒氣」。從定期的數據當中，我們可以看到正面內容比負面內容更能被廣泛分享，而運用怒氣的情緒可以在短暫的時間內得到大規模分享。但事實上，我們很難替品牌透過正面的方式讓怒氣元素發生效用。

怒氣是一種激動的情緒，能促使人採取行動，無論那是在現實生活中或是網路上的分享行動，但大部分品牌都不想激人發怒。事實是，我們自己也不會在企畫中使用怒氣，原因是要促使人們從怒氣中拿出正面的行動，是非常難操作的。

　　當然，如果是想推動公益事業，激發人們採取行動，促成正面的改變，以這方面來說，怒氣可以做為一種強大的工具。這通常用在悲劇事件當中，例口二〇一八年，在佛羅里達州帕克蘭市（Parkland）發生的瑪喬麗・史東曼・道格拉斯中學（Marjory Stoneman Douglas High School）槍擊事件，這起悲劇奪走了十七名無辜學生和教職員的生命。槍擊案發生後，有幾支影片立刻在網路獲得大量分享，這些影片主要在談槍枝議題。很多人看到影片後感到非常生氣，都想做些什麼，這股情緒集結起來，最終為槍枝管制法的立法運動帶來有史以來最強大的一波熱潮。

　　那些影片或許成功煽動了強烈的情緒並帶來幾百萬分享，對品牌來說，這仍舊不是一條可靠的路線。怒氣會促使人們分享，但那最初是起因於新聞事件，新聞事件有可能導致兩極化的氛圍。然而，品牌都希望有容乃大，不管是光譜哪一端，他們都希望顧客購買他們的商品。

　　悲傷，則是另一種看了網路內容後的常見反應，但悲傷本身並不是一種可分享的情緒。悲傷會降低分享率，和怒氣相比，悲傷並不是一種可以用力激發的情緒。當你看到某件悲傷的事情，你會把它關掉。悲傷的時候，人們並不想分享，並不會有人想分享悲傷的情緒給朋友。不過，如果你是想利用一個悲傷的故事，將其中的悲傷轉化為一種榮耀或希望，這樣的內容就變得具有可分享性。這在我們的 Adobe 照片修復影片中，可以明顯看得出來。

　　這五種具有可分享性的情緒分別是快樂、驚嘆、同理心、好奇心和驚訝，這些都是為品牌帶來正面分享的主要推手。了解並精通如何使用這些情緒，能為你帶來實質成果。下一次當你想分享什麼的時候，不如親身測試一下，看看是否有哪一種要素就是你想分享的原因。

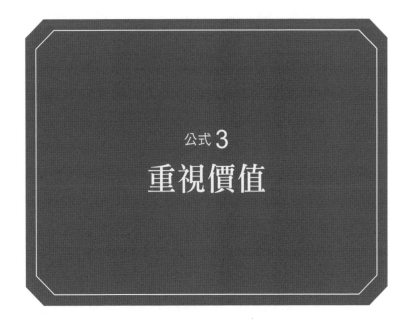

公式 **3**

重視價值

　　三個陌生人走進位於洛杉磯南區中央的 Cricket 無線網路商店，而他們走進的地方，也是我們的夢幻影片的拍攝現場。

　　你已經知道這個地方——我們在這裡替 WWE 摔角明星約翰・西拿公開召募粉絲，為他在 Cricket 商店甄選代言大使。現場的粉絲毫不知情，他們不曉得他們的偶像其實就躲在一片薄薄的海報牆後面，聽著他們的每一句對話。

　　我扮演導演的角色，把每位粉絲一一叫到攝影機前，問的問題都是關於他們是如何地喜愛約翰・西拿。接著，我會請他們用熱情激昂的聲音，假裝西拿就在現場，對著

等身大的西拿海報牆介紹他出場。

　　我問每一組粉絲相同的問題：請他們先自我介紹，然後問他們為何喜歡或敬佩約翰・西拿。我用這些問題先點燃他們的熱情，推升他們的情緒。等到氣氛嗨到最高點，約翰・西拿就會衝破海報牆，現身在粉絲面前，給他們一個終生難忘的驚喜。那真是我永難忘懷的一天。

　　我們在前一章談到這支影片的驚訝元素，以及現場觀眾的反應。他們的反應簡直是難得的珍寶，能夠捕捉到他們完全未經修飾的驚喜之情，著實令人驚呼神奇！不過，退一步好好想想，雖然我們所信奉的中心思想，確實使西拿這支影片大獲成功，但「驚訝」元素只是使其奏效的其中一個原因。

　　「驚訝」是這支影片的關鍵情緒，就跟快樂、驚嘆、同理心或好奇心等其他情緒差不多，你都要將之套用在一個更大的架構裡，這樣它就會發揮效用，大大地突顯出傳統型廣告與現代廣告的巨大差距。簡單來說，這支影片把握了一個很單純的中心思想，使它如此與眾不同，那就是「價值」。

　　我們為觀看者帶來了「價值」。

　　這是一個非常單純的概念，但也是許多行銷人員無法全盤了解的概念。傳統電視廣告的設計宗旨是為了要打擾人們。電視廣告在你看電視看到一半的時候出現，感覺就像是你為了得到後面你真正想看的內容所必須付出的代

價，而我們所做的則完全翻轉了這種模式。我們創造的品牌訊息，本身就結合了價值，我們創造的內容是觀眾真的會想看的東西。正是這個價值，給我們帶來盛大的迴響。

其背後的原因，來自於單純的人性。如果街上一個穿著整齊的陌生人把你叫住，劈頭就問你要一美元，你大概會覺得莫名其妙、只想倒退三步。然而，要是某天有個同事把你叫住，可能是要告訴你你掉了車鑰匙，或是她幫你在停車收費表裡投了錢，或者她做了其他無私且對你有價值的事情，你必定立刻對她升起一股好感。由於這一層關係，你們較容易建立對話，或許你們會發現彼此有共同的興趣，或許站在人行道上，你們很快地就開始建立友誼。接著，她要付錢買咖啡時發現少了一塊零錢，希望你從口袋裡掏出一塊錢幫她支付，你會如何？

當然，你當然會幫她付這一塊錢。或者至少，你現在會更加願意拿出這一塊錢。畢竟，是她先好心幫助了你，她用「價值」先做了榜樣。

情境中這位女士或許比另一位衣著正常的陌生人付出了更多，才得到你的一塊錢。但不管如何，她成功了，另一位則否。

我們的影片就是秉持相同的道理。我們為觀眾提供價值，並未要求任何東西。我們走向網路上的陌生人，對他們說：「你是約翰・西拿的粉絲嗎？你有沒有看過這支影片——他從海報牆裡跳出來，給他的頭號粉絲一個驚喜？你

一定會喜歡的。看一下！」

　　只要他們看了內容，就能建立起對話，讓我們日後能帶著有價值的內容，再去接近他們。接著，找出這些在網路上和我們互動和參與最頻繁的人，直到這時候，我們終於走到行銷漏斗的底部，才請他們給予我們辛苦賺來的錢。

　　他們都會同意，因為我們先用「價值」做了榜樣。

　　第二章中，我們談了分享的行為其實是種自私的行為。大部分情況下，人們分享並非出於心裡善良的那一塊，而是因為那讓他們看起來很好，或感覺很好。這點正與價值有關，應該能為你帶來極為重要的一課，從最基本處改變你創造內容的全盤策略。

　　這樣說吧，如果你希望人們分享你的內容，該內容必須要以他們為主，而不是你。

　　過去十年來，這個概念已經一次又一次地得到證明。

　　事實上，這就是我的公司能如此成功的主要原因，也是為什麼我們過去幾年來能製作出超過六十支爆紅的熱門影片。

　　然而，百分之九十九的品牌都不是使用這樣的概念，為什麼呢？

　　簡言之，是因為這個概念與傳統廣告的核心假設相抵觸，而這個已經風靡八十年的概念，已經深深根植在行銷人的心裡。

做廣告的概念：走進時光迴廊

經常有人會懷念「舊日時光」，因為過去的事物美好、單純多了。或許只是因為你記得的都是一些正面的事物，但在廣告的世界裡，舊日時光確實十分美妙。

電視發明之前，廣播是美國最普遍的電子媒體，舉國上下都聽廣播。回到一九三〇和四〇年代，受歡迎的廣播節目每星期能觸及上千萬名聽眾。品牌「做廣告」的方式，僅僅就是開好一張支票交給廣播電臺，就能將他們的品牌訊息傳遞給所有專心聆聽的聽眾。

食品公司通用磨坊（General Mills）在一九四一年開始贊助一齣廣播節目《獨行俠》（*The Lone Ranger*）。這齣節目在最轟動的時候，能吸引兩千萬名聽眾每星期三次來到收音機前面收聽。這群專心的聽眾，對於要聽你的廣告才能收聽到他們熱愛的節目，一點意見也沒有。這對品牌來說，真是夢寐以求。品牌甚至還會融合到節目裡成為被推崇備至的角色——扮演上帝的演員會播報：「這個節目是由 Cheerios 穀片贊助，小朋友，記得要吃 Cheerios ！」這是該時代品牌所能做的最好的廣告了。

電視機出現之後，廣告的威力仍持續。一直到一九八〇年代，全美只有三家主要電視臺能全天候播出高品質的節目，而且全都有廣告贊助。當你看電視時廣告出現了，基本上只有三個選擇：

1. 坐著繼續看。
2. 換其他頻道。但其他頻道很有可能也是廣告，因為當時電視臺進廣告的時間是同步的。
3. 關掉電視，做別的事情。

　　這個年代經常被稱為是廣告的黃金年代，電視機鎖住了全國民眾的注意力，電視臺欣欣向榮，品牌只要口袋夠深，就能夠享受業績和客戶群雙雙成長的榮景。

　　到了一九七〇年代晚期，有線電視頻道興起，電視觀眾有了更多選擇，但有線電視的節目同樣是由廣告贊助，只有一些少數的訂閱頻道除外，例如 HBO 頻道。頻道和節目也變多了，品牌可以在很多不同的地方播放廣告。

　　一九九〇年代，電視上已經可以找到數百個頻道。那時出現了可以擋掉廣告的數位預錄機 TiVo，這為廣告業帶來一朵巨大的烏雲，預告了黑暗年代的來臨。不過，輕易就能從客戶手上收取高額費用的廣告業還在忙著享受夜夜笙歌的日子，根本沒注意到底發生了什麼，仍舊按著現狀度日。

　　接著，網路出現了。在此之前，曾經有過一段「說的比唱的好聽」的階段，網路上並沒有太多實質的內涵，那是因為網路做為一種新媒體，需要花一點時間找到自己的立足點。網路出現後的頭十年，網路廣告基本上只是一堆亂七八糟的搜尋流量和過度誇張的橫幅廣告。等到二〇〇

五年 YouTube 創立時，一切都為之改觀，消費者行為開始出現轉變。

網路給予人們過去未曾有過的選擇權，對於品牌而言，其最重要的意義在於這些選擇中絕大多數都不是跟廣告直接綁在一起。

做為年輕的行銷人，這簡直是我和我同事的大好機會。大家都清楚知道，網路即將改變品牌與客戶之間的互動模式，但沒人知道這將會如何發生。然而，讓我覺得不可思議的是，並非每個人都像我一樣興奮莫名。

在那個時期，廣告界的資深人士談起網路的口吻，就好像那是什麼上不了主秀場的次級餘興節目，不過是附加於電視廣告的「真實世界」以外的一點新奇娛樂。

他們完完全全地誤判了。事實上，網路全盤改變了人們與內容產生互動的方式。觀眾不再需要乖乖地坐著等待，看看某個電視臺的節目總監要播什麼節目給他們看，而曾經有一度，電視臺的節目經理都是由行銷部門指派的。觀眾可以開始在他們想要的時刻，收看他們想看的東西，並且，隨著科技日益進步，他們可以在他們偏好的螢幕上收看。所謂的「電視」真的已經變成隨著觀眾的需求來播出。

這表示網路也改寫了廣告的遊戲規則，永遠地改變了！不管是大螢幕、小螢幕，廣告的生態出現了複雜的變化，但在我看來，廣告的核心精神仍舊非常單純。當人們

沒有選擇的時候，他們會忍受廣告。但當他們有了選擇權，他們會想辦法避免廣告。這並不是人們耍脾氣，只是另一個滿足自我需求的決定。就這樣說吧，如果並非必要，誰會想看廣告？

如果你的廣告策略還停留在用人們不想看的東西打斷他們收看他們想看的節目，你將不會收到很大的成效。就是這麼簡單。

價值的概念

那麼，傳統廣告和新時代網路價值概念的不同，要如何定義呢？用最簡單的話來說，廣告手法是嘗試將你的訊息傳遞給觀眾，無論他們想不想聽。以價值為基礎的做法，則是要了解你的觀眾想要什麼，然後提供給他們。

舉一個非常實際的例子，家得寶（Home Depot）是美國專門銷售居家修繕和建材的大賣場。假設他們在 YouTube 上貼出影片或是將內容傳送給客戶，教人進行居家修繕，例如修好一個漏水的水龍頭或是清理骯髒的廚房地板。他們拍了非常詳細的教學影片，教你一步步修理各種東西，省下請人來維修的費用。

就這樣，家得寶的影片並沒有嘗試賣你任何東西，卻為你提供了實質價值。你因為照著他們的教學影片，自己修好漏水，省下了請水電師傅的錢。現在，你剛

好需要一支電鑽，這時你大概會想去這家店購買，因為這品牌已為你提供了價值，你也對它建立了好感。

提醒你，過去是這樣的，電視和觀眾之間有一項交換條件：如果觀眾想看某個節目，他們就得連帶收看廣告。這就是交易。品牌是把價值交給他們出錢贊助的節目，基本上他們是給予觀眾「免費」的內容收看。

今天，這個交易已經被撕個粉碎了。沒錯，還是有很多地方播放傳統廣告，但是越來越多的影音平臺已經不再這樣做，例如 HBO、Netflix、Hulu Plus，以及更多更多。至於更年輕的一代，就是一出生就可以訂閱影音、有 YouTube 可看的世代，他們對於那些干擾式的廣告根本耐心全無。略過廣告，倒數三、二、一……跳過算了。

觀看者的年紀越輕，對於干擾式廣告的容忍度越低。我的兒子麥克斯十歲，女兒艾莉八歲。他們是網路世代長大的小孩，從兩歲時起就開始滑 iPad；他們從沒聽過以前有過一個時代，你得坐著乾等廣告播完，才能繼續看你想看的節目。以我這兩個孩子來說，只要當螢幕出現廣告，他們直接就會切換到另一臺。

想像一下，如果你的銷售訊息全都包裝在那則廣告當中，你覺得你的廣告成效會如何？

那麼，要怎樣才能讓人們觀看廣告？這個嘛，你必須讓你的廣告具有價值。你必須將之製作成人們「想看」的插播短片。這是廣告在新時代的新交易：想讓觀眾觀看你

的訊息，你必須給予他們價值。這裡的意思是，你首先應該問自己的問題，不是「我想說些什麼」，而是「我的觀眾想看什麼」。

這就歸結到以下三個基本問題：

1. 你想觸及的觀眾是誰？
2. 什麼是這群觀眾認為具有高度價值的？
3. 你要如何將該價值提供給他們？

若以上的問題你都回答得出來，並能提供真正具有價值的東西給觀眾，觀眾就會因此喜歡你的廣告。然後，或許你就有辦法讓他們把口袋裡的錢掏出來了……

讓人們對平常都會略過的廣告產生互動

要了解如何創造有價值的內容，必須先「找出」什麼是有價值的內容。

我們發現最好的方法，是計算觀眾對內容的接受度，以此找出它的價值——我們將之稱為互動率（Engagement Rate）。互動率是一個標準，用來計算社群平臺的頁面具有多少「富有意義」的影響力。它計算的是每一位消費者直接與品牌內容進行的互動，用百分比來計算這項內容向多少人露出。這是一項極具價值的數據。讓我們來看看為何互動率如此重要。

　　在電視的黃金年代，品牌會花費上億美元的預算打電視廣告，但觀眾對廣告的接受度如何，這方面的回饋非常有限。假設有一千萬人收看美國全國廣播公司（NBC）的情境喜劇《六人行》（*Friends*），廣告時段播放了某品牌的廣告，在這一千萬名觀眾當中，到底有多少看到那則廣告影片呢？完全無法計算。可能有一半的人去上廁所、拿飲料、打電話，或者有些人是用數位錄影的。實情是，節目的品牌贊助商永遠無法得知實際收看的人數。雖然尼爾森（Nielsen）收視率會針對有看到廣告的人做一些廣告測試，但是，這對促使消費者對品牌產生長期認同感並購買他們的產品，到底有多大影響力，是很難評估的。

　　那麼，數位廣告到底有何不同？

　　首先，數位的東西大部分都可以測量。社群網站擁有無窮無盡的數據、數不清的使用者資料，這些資料全都會得到有效使用者的即時更新。不管去哪裡，這些資料都能跟著我們走。每一次，只要有人點選了什麼，就馬上會被記錄。每一次，只要有人略過廣告，或是停止滑動動態去看某個東西，或是把某個東西滑掉讓它消失，這些動作全都會鉅細靡遺地記錄到一個巨大的伺服器當中，由經常在變化和演進的人工智慧來驅動，這個人工智慧，我們又叫它演算法。

　　聽起來很像可怕的科幻小說嗎？不然你問問你的iPhone吧，Siri恐怕會給你一個更好的答案。Siri也是演算

法的結晶。

　　事實上，甚至有人認為，我們都是演算法的結晶，或至少我們的行為舉止都可以受到解讀。換句話說，如果你擁有某個人的足夠數據，你就可以預測他的行為，比他的朋友、家人甚至他們自己，都還要準確。

　　英國劍橋大學和美國史丹佛大學的研究學者研發了一套電腦模型，這套模型可以判讀某個人的個性，準確度達到令人毛骨悚然的地步，而它使用的資料正是受試者的臉書活動。學者將電腦判讀的結果跟朋友家人的結果進行比對，竟得到驚人的結果：演算法對某個人的性格特徵預測得比人類還準。

　　電腦，竟然比人腦還準。

　　事實上，電腦只需要十個臉書按讚，就能勝過受測者的同事，七十個讚就能勝過他的室友、一百五十個讚就能打敗其父母或手足。那麼，要如何打敗配偶，這個理論上應該是世界上最了解你的人？電腦只需要三百個你的臉書按讚就夠了。

　　這表示，電腦「將會」取代人腦，來進行務實的性格分析。

　　分享力公司掌握這個現狀非常多年了。臉書比我們還了解我們自己，也因為使用者可以選擇要不要分享這些數據，有些人沒有那麼認真地去鎖住他們的隱私資訊，因此臉書能提供給想要利用這些數據進行分析的業者。

回來談互動率。要評量一項內容是否具有價值，我們認為互動率是最簡單也是現成可使用的數據。互動率會直接計算某個人跟他看到的某項內容互動的次數。

算法是這樣的：

- 某個人滑過你的廣告，沒有停下來看。零分。
- 某個人停下來看了三秒以上。觀看得一分。
- 某個人做了回應，像是點讚或皺眉等其他表情符號，或在那則廣告底下留言或分享。互動得一分。

用互動分數除以觀看分數，就得出互動率。舉例來說，如果有一百人觀看了一支影片，其中有兩人進行互動，互動率的算法就是二除以一百，等於〇·〇二，或是百分之二。

從這裡就可看出，拚命地催高觀看次數，並沒有太大的意義。這些觀看數中總是有些人只是卡在那裡三秒鐘，然後又滑走了，這對你的收益並不會有任何實質影響。

但是，那些確實受到吸引並與你的內容進行互動的人，也就是有按讚、留言或分享的，才是真正能帶來價值的網友。通常影片要看了一段時數以後，人們才會想要與之互動，就算如此，也需要影片讓他們產生某種情緒上的感受（也就是他們真的有感受到某些東西），才會想要互動。那份感受，就是你與網友建立起關係的邀請函。它會為你打開你終於能接近網友，並與他們建立對話的一扇門。

　　這裡要提一個令人意外但卻非常重要的經驗法則：對品牌來說，一個很好的互動率應該會在百分之一左右。

　　百分之一好像很低，但別忘了，我們是在要求人們主動靠過來，並「決定要與一則廣告進行互動」。這個人情可不小。有多少次你會因為看到本田汽車的電視廣告，主動去找他們並稱讚他們「做得好」？你會因為看了本田汽車廣告，想讓其他的朋友也看，所以轉寄給朋友嗎？

　　這個互動率百分之一的經驗法則並非憑空捏造，它已經是業界目前得到最好的成果。一九三〇年於芝加哥創辦的全球知名媒體《廣告時代》（Ad Age）雜誌，專門發布行銷和媒體產業的動態、分析和數據，而數位廣告的首席指標，就是他們制訂的。他們每個月發布的「廣告時代爆紅排行榜」，會列出當月表現最好的網路內容。

　　二〇一七年的廣告時代爆紅排行榜，所有爆紅影片互動率的中位數是百分之〇‧八七。這就是說，如果一則廣告的觀看數有一百萬人，大約有八千七百人被打動，願意按讚、分享、留言。

　　這就是業界最好的表現了。這是豐田汽車（Toyota）、可口可樂（Coca Cola）、福特汽車（Ford）等企業巨獸花費上百萬、千萬的金錢，所得到的結果。

　　順帶一提，分享力公司在過去同一段時期所得到的互動率中位數，是百分之二‧〇九，比廣告時代爆紅排行榜的影片還高出二‧四倍。

若深入探討這些數字，檢視我們眼中的數位行銷聖杯，也就是分享數，就會發現，分享力公司二〇一七年企畫的影片所得到的分享數，比廣告時代爆紅排行榜的兩百支最佳表現影片多出五・五倍。

對於一家從自家車庫起家的新創公司來說，成績算是不錯吧。

讓人發出會心一笑

過去幾年來，我們與許多大型品牌合作，為他們製作具有可分享性的內容，為他們的觀眾傳達價值。有些品牌類型比較容易，有些比較難。我們覺得最困難的其中一種是無線網路公司，原因在於，每個人似乎都對他們用的手機電信公司沒好話。所以，當我們接到 Cricket 無線網路公司的合作案時，我們知道這是一個很大的挑戰。

Cricket 先進行了一項研究，其結果顯示，如果消費者對他們的品牌建立了正面的形象，消費者就比較願意訂購他們的無線網路方案。我們接到的任務很簡單，就是要創造出讓 Cricket 更受人喜歡的內容。聽到這句話，我們全都大感振奮！ Cricket 甚至還為他們的新走向制定了一句宣傳理念——要讓他們的客戶「發出會心一笑」。

這句話可以完美地說明什麼是價值導向的做法。眾所周知，社群媒體可以是非常負面的地方。我們的經驗和內

部研究都顯示，當人們常態性地面對負面的事物時，他們會偏好能讓他們發笑的輕鬆、有趣的內容。所以，如果品牌能使人發笑，那麼品牌不僅是觸發了可分享的快樂情緒，也給予觀眾某種價值。因為這份內容，他們這一天的心情都會好起來，他們會比較願意用偏愛的眼光來看這個品牌，如此一來就提高了他們在眾多競爭對手中，選擇該品牌的意願。

所以，我們決定著重在可分享的「微笑」情緒上，像是喜悅、感激、敬佩等。

我們預計要在二〇一六年的母親節前，推出第一支 Cricket 無線網路的第一波影片。我們想製作一支向母親致敬的影片，但要用一種具娛樂性又引人發笑的方式拍攝，讓小孩也會喜歡。我們想出了一個引人發噱的點子——諧仿當時的熱門話題。當時很流行在別人一本正經地拍照時，在背景「亂入」，故意做怪表情或怪姿勢破壞畫面。從這個點子發想，我們拍出了《媽咪亂入》（*PhotoMombing*）的娛樂影片。

這支影片的內容是，一群媽咪發現她們好像在小孩的生活中失去了一席之地，因此決定「亂入」他們每一張酷炫的照片，奪回媽咪的正當地位。由於我們注重「傳遞價值」，這支影片同時擊中了母親和孩子的笑點，不僅很快達到超過一千萬次觀看數，並將 Cricket 的臉書頁面互動率在一個月內提高了十分之一以上。而這只是開頭而已。

　　下一波的宣傳企畫則找來了摔角選手約翰‧西拿，我們拍出了約翰‧西拿破牆而出的影片。這支影片造成非常大的轟動，它成為 YouTube 史上第一支連續三個月蟬聯 YouTube 廣告排行榜的品牌影片（剛推出時是立刻躍上第一名）。整體而言，這支影片帶來超過八千萬次觀看數，更重要的是，讓 Cricket 社群頻道的互動率達到百分之二‧四二。

　　在那之後，我們替 Cricket 公司製作並推出了十二支影片，影片內容包括聖誕老人送禮物給小孩、慶祝西語裔人口的文化傳統、約翰‧西拿影片續集（這支影片成為最多人分享的廣告）等，而這些影片都是在「讓人發出會心一笑」的創意宗旨下拍攝的。又一次，這都是基於為觀看者傳遞價值。

　　這些企畫使得 Cricket 公司在電訊產業的地位完全改觀。推出這些熱門影片之後，Cricket 公司的網路流量和過去相比，他們在谷歌搜尋引擎上的檢索率衝到七倍以上，品牌提升（亦即品牌與客戶的互動提升）市調超過五倍，銷售轉換率超過三倍。過去三年來，他們的互動率從業界吊車尾衝上第一位，這個成果真的能讓人發出會心一笑。

　　這都是因為，我們重視的是價值。

公式 4
找到你的聲音

　　現在，你已經了解什麼是價值，下一步，則是要找到你自己獨特的聲音，來傳達那份價值。只是有時候你得繞點遠路。

　　我和我的合夥人在二〇一四年成立分享力公司時，公司名稱還不是分享力，而是傳染力（Contagious）。這個名字帶著一點趾高氣昂的臭屁味道，很適合一家新創公司，每個在這裡工作過的人都喜歡。那時，病毒式爆紅影片是當時最轟動的話題，我們製作的影片是網路上最具「傳染力」的，就好像小小的影片病毒在網路上到處傳播。我們的作品開始得到一些記者的讚美式報導，我們覺得公司即

將風靡整個網路世界。

有一天，我收到一封郵件，信封看起來有點異樣。打開一看，原來是一家英國公司要告我們。原來，這家公司的名字也叫做傳染力，他們要求我們立即改名，否則就要把我們告上法院。

一開始，我們簡直是氣壞了。他們從事的業務跟我們毫不相關，竟然要求我們改名？

我們發誓一定要奮鬥到底，但這股氣焰只持續了大約四個小時。我們的律師說，我們不只會輸掉官司，過程中還會損失很多金錢。

聽了這話，我們馬上變得垂頭喪氣。現在聽來可笑，但那時感覺公司好像要完蛋了。我們一籌莫展，彼此談論公司是否該換個名字，卻一點頭緒也沒有。我們一直想著的，都是要如何才能保留我們那個前衛的品牌名稱，我們一度認真考慮要把「傳染力」（Contagious）英文字字尾的 s 改成 z。

最後，我們放棄做這些無謂的嘗試，認清事實——我們就是得取一個新名字。就在此刻，發生了一件有趣的事。當所有人聚集到白板面前，開始動腦思考到底有什麼可以代表公司，我們明白「傳染力」這個名字其實有其局限。沒錯，它聽起來很酷，但還是有些負面，主要是它帶著將某種東西傳染給其他人的意思。此外，這個詞與「病毒」有直接的聯想，雖然過去兩年來「病毒式爆紅」是行

銷圈最夯的一個詞，但現在開始有點退燒了，再過一、兩年，又會變得怎麼樣呢？

　　這個活動讓我們停下腳步，第一次開始思考，嘗試用話語清楚說出我們做為一家公司，我們的理念是什麼？在那時，臉書還沒有那麼廣泛使用影片的時候，「分享」這個概念才剛開始受到注意。具有「可分享性」跟具有「感染力」非常類似，而要能「分享」出去的概念，才真正可以說明我們這家公司。這個詞能引起更為正面的聯想，而且與社群媒體內部的生態體系相互呼應，因為人們在社群媒體上就是要與朋友、家人分享他們喜歡的內容。真是一個力量十足的概念！

　　分享的意義比較貼近個人，病毒則不禁讓人想到網路上到處蔓延到失控的東西。分享說明了我們想如何打造這家公司，我們想分享一切，和僱用我們打造前瞻影片的品牌一起分享風險，和員工一起分享公司的成就和利潤。

　　這就是了，這就是我們商業哲學的中心。因此，公司的新名字就是我們的聲音：分享力，這個詞甚至都還沒收入字典裡。今天，大部分字典裡都查得到這個詞了，意思是某件事物具有如何的可分享性，特別是用在網路世界的脈絡裡。

　　快轉到四年後的現在，「病毒式爆紅」這個詞已然沉寂，而且在網路行銷的世界裡還帶著負面意義。現在，每個人嘴上談的都是要如何才能打造一個具有可分享性的品

牌，我們公司正好站在一個完美的立足點，幫助世界上那些最大的品牌和名人創造分享力。名人自己成為一個品牌，就像普通的個人想辦法在網路上建立知名度一樣，品牌能夠累積他的事蹟，並與某家公司或個人做出區隔。我無法想像我會說出這種話，但我很慶幸我們當時被人控告，因為這起事件促使我們找到了我們真正的聲音。

上一堂名人課

我發現，即使這並非每個人心中的志向，不過，跟聲名狼藉的名流人士共事還是能學到寶貴的教訓，或者你能學到他們是如何做好他們的工作。就算這些都落空，這個過程還是能提供你一些特殊的觀點。

在成立分享力公司之前，我曾經跟不少名流和運動員合作，幫他們打造個人品牌。我早年曾在德州達拉斯的行銷手臂公司（The Marketing Arm）工作過，那是創業家雷‧克拉克（Ray Clark）所創立的。這家公司曾跟一百位以上的職業運動員合作，幫助他們協商行銷方案，包括職籃芝加哥公牛隊的史考提‧皮朋（Scottie Pippen）和職業美式足球綠灣包裝工球隊的雷吉‧懷特（Reggie White）。我自己創業的第一家公司名為聚集點（Converge），一開始是跟職業撲克牌玩家合作，包括世界撲克大賽的冠軍克里斯‧曼尼梅克（Chris Moneymaker）和強尼‧陳（Johnny

Chan）**14**。後來公司上了軌道，我們設計出一個替名人辦活動的模式，這讓我們有能力主辦超過兩百場名人盛會，其中有一些好萊塢重量級巨星例如黑人影帝傑米・福克斯（Jamie Foxx）、歌手瑪麗亞・凱莉（Mariah Carey）、嘻哈歌手五角（50 Cent）、年輕偶像歌手麥莉・希拉（Miley Cyrus），還有，你猜到了，從真人實境節目崛起的卡戴珊姊妹（the Kardashians）**15**。

曾經有一度，我們在好萊塢名流喜愛聚集的馬里布（Malibu）租了一座兩千萬美元的海灘別墅，專門用來辦活動。那年夏天，我們在六十天裡辦了四十場名流盛事，那真是太瘋狂了。

在那之後，我們陸續跟名人合作，像是為李奧納多・狄卡皮歐（Leonardo DiCaprio）設立他的基金會，為加拿大歌手尚恩・曼德斯（Shawn Mendes）發布新品牌。

在這些和名流共事的機會裡，我學到兩件事。第一，千萬不要跟隨身皮夾裡帶著有你年薪那麼多錢的人玩撲克。（這個故事就留待日後再說了！）第二，這些耐力驚人、能長久吸引鎂光燈注意的人都有一個共通點：他們非

14　譯注：強尼・陳是華裔美籍人士，其中文名是陳金海。
15　譯注：具體來說，卡戴珊姊妹是因為大姊金・卡戴珊而成為知名人物。金並不是藝人，她最開始是因為與名媛芭莉絲・希爾頓（Paris Hilton）相識，經常出現在芭莉絲的身邊，還有她與名人的性愛錄影帶外流之後，才開始知名度大增，是個評價兩極、非常具有話題性的人物。後來電視臺找她們一家人拍攝實境節目《與卡戴珊同行》（*Keeping Up with Kardashians*），其姊妹好幾人才連帶也成了家喻戶曉的紅人。

常了解他們獨特的聲音。

　　這是真理，好萊塢人人都知曉的真理。若想看這條真理是如何得到實踐，不麻煩，只要看看好萊塢裡三個叫做湯姆的人就好了，他們分別是湯姆・克魯斯（Tom Cruise）、湯姆・漢克（Tom Hanks），以及演出漫威電影而成名的湯姆・希德斯頓（Tom Hiddleston）。雖然他們三個都叫做湯姆，但是觀眾絕不會把他們搞混。當你看到電影看板上出現其中一個人的名字，你心裡就知道你該期待什麼。湯姆・克魯斯必定為你展現迷人魅力和驚險動作，湯姆・漢克演的常常是發人深省的普通平凡人，湯姆・希德斯頓則渾身散發放蕩不羈的神祕氣息。

　　這三位明星都建立起他們的銀幕品牌，按照各自的路線行銷他們自己。他們都找到了自己的聲音並保持真我，這讓他們突破競爭，成為電影的票房保證。其中比較年長的兩位隨著年紀漸長，還成功地調整了他們的品牌定位，不受時代變遷的影響，繼續吸引年輕世代的觀眾。

　　另一方面，讓我們來看看好萊塢的「克里斯現象」。時尚雜誌《浮華世界》（*Vanity Fair*）曾刊出過一篇標題為〈克里斯大舉入侵好萊塢〉（*The Chris-ening of Hollywood*）的報導，探討許多剛巧都叫做克里斯的俊帥白人男演員都進入好萊塢電影圈的現象，像是克里斯・潘恩（Chris Pine）、克里斯・普瑞特（Chris Pratt）、克里斯・漢斯沃（Chris Hemsworth）、克里斯・伊凡（Chris Evans），觀眾

經常把他們搞混。由於克里斯實在太多了，當克里斯·潘恩上知名的深夜喜劇節目《週末夜現場》（*Saturday Night Live*）宣傳電影《神力女超人》（*Wonder Woman*）的時候，節目甚至利用這個同名題材玩了一個橋段。克里斯·潘恩站在這四位克里斯的照片前面，作勢分辨他自己是其中哪一位的時候，嘴裡還一邊哼著一首歌：「我不是這位克里斯，我看起來很像他，但我不是那位克里斯。」他為他的明星魅力賦予自己的聲音，因此才能在銀幕上發出閃耀光輝。

▶ 《克里斯·潘恩的獨白》（*Chris Pine Monologue*）
網址：https://www.youtube.com/watch?v=MGurtL83zhY

　　社群媒體開始流行以後，塑造自己的聲音的權力，逐漸從電影公司的行銷部門、公關專家和記者手上消失。突然間，名人自己手上就掌握著過去從不曾擁有，直接和粉絲交流的能力。這讓他們也掌握了很好的機會，可以塑造自己的聲音，擴大他們的影響力。

　　在這方面做出好成績的名人，都是那些清楚了解自我定位，並傳達出獨特聲音的人。就拿金·卡戴珊來說，不管你喜歡還是討厭她，她很清楚她的角色。她把自己當成一個「品牌」來經營，每天在社群媒體上大量放送她自己。她可以扮演渾身豔光四射，流連奢華生活的好萊塢名

媛，同時又能成功駕馭另一種家常生活的形象，既是溫柔的媽媽，又是懂得自我解嘲的大方女孩。難怪她的社群媒體能吸引超過兩億兩千萬名粉絲。

還有巨石強森（Dwayne Johnson），這位肌肉巨星在臉書和 Instagram 上呈現出的感覺，讓人覺得他就是真實生活中的超級英雄。他經常貼出很厲害的健身影片和勵志訊息，以及他與朋友和粉絲進行野外冒險活動。巨石強森的社群媒體傳遞出的，是只有他才能締造的正面積極和團結歸屬感。他經營的粉絲團是全世界最多人追蹤的名人專頁之一。

儘管這些新的網路平臺具有如此大的威力，社群媒體剛開始發展時，許多名人並沒有立刻注意到這股社群的潛在爆發力。不少好萊塢明星得到「忠告」，說他們應該保持有如天人一般的地位，如果他們在社群媒體上直接跟粉絲互動，就會使他們自毀身價。結果證明這個「忠告」根本不是忠告。從早期就投入經營社群媒體的名人，因為提早進場占好地盤，他們的努力現在都得到了驚人的回報。更重要的是，沒有進駐社群平臺的名人因而留下不少真空，讓新的聲音能夠藉著社群媒體崛起，進而大放異彩。

許多從社群媒體崛起的明星就是這樣誕生的。

社群媒體之星

　　網路世代之前，一個人要費盡千辛萬苦才有辦法一圓星夢。無論你是演員、藝人、樂手，都要在黯淡無光的地方打滾好多年，一邊磨練他們的技藝，一邊等待著翻身的機會來臨。音樂人想要一張大型唱片公司的合約，演員想要話題電影裡的重要角色，藝人想要上經典王牌主持人強尼‧卡森（Johnny Carson）的節目。好萊塢是傳統意義上的明星製造機，電影片廠、電視臺、唱片公司的高層人士手中掌握著巨大權力，只要他們屬意誰，誰就能脫穎而出，成為下一位巨星。對於一個渴望成名，渴望功成名就的無名小卒來說，實在沒有別條路可走。他們必須跳進好萊塢這個明星製造機跟著一起打轉，希望某天好運會降臨。

　　不過，現在有網路進來攪局，把這套遊戲規則打亂了。史上第一次，一個平凡的普通人也能擁有無止盡的管道，讓他可以面對廣大群眾，放送他的聲音。那些長於此道的人，可以透過網路觸及數以百萬計的觀眾，成為一位不折不扣的名人，完全不需要參加好萊塢的明星遊戲。我們已經進入了一個新的時代，某個「數位名人」原來可能只是窩在爸媽家的車庫，但短短幾個月間，卻能累積數百萬粉絲，突然就有了國際知名度。

　　身處在這個時代的我們，即時地見證了這樣不可思議

的事情，讓我們對於網路時代名人的誕生，產生史無前例的觀點。站在第一線的分享力公司，親眼見證了許多原來在虛擬空間的無名小卒，是如何轉眼間一躍成為國際超級巨星。這使得我們能做出客觀的評價，了解到為什麼有些人能夠突破周遭的雜音，從無數也進行同樣嘗試卻失敗的人當中，成功脫穎而出。

如果你曾仔細研究過那些成功案例，就會發現其中有一個非常清楚且值得重複提倡的主軸：那些最紅的社群媒體寵兒都非常了解自己的獨特之處，他們知道要怎麼用自己獨特的聲音去開拓遍及數位宇宙各個角落的網友。

已是超級國際網路名人的傑・謝帝（Jay Shetty），是「找到自己的聲音」很好的典範。

謝帝是世界知名的臉書名人，我們不妨把他想成是千禧世代版的心靈導師東尼・羅賓斯（Tony Robbins）。謝帝所做的，是把人生智慧用一種容易理解，也很具娛樂性的方式講給大家聽。謝帝在二〇一六年成立他的個人頻道時，根本沒什麼人聽過他。但是，到了二〇一八年，他的追蹤人數已經超過一千八百萬人，點閱率超過三十億次，過程中為他創造了數百萬美元的收入。

▶ 傑・謝帝的 Youtube 首頁
網址：https://www.youtube.com/channel/
UCbV60AGIHKz2xIGvbk0LLvg

　　他是怎麼在如此短的時間裡做到的？其實他的成功並非一夕間發生。

　　謝帝幼年在倫敦長大，是個個性害羞、內向的男孩，經常遭受霸凌。他在十六歲的敏感年紀就失去了兩位摯友，一位因車禍喪生，另一位死於幫派鬥毆。經歷了這些的謝帝努力讓自己走在正途。他想辦法進入商學院，以優異成績畢業，但是商界對這名二十二歲的年輕人來說，顯然有太多的限制。此時，他踏出人生重大的一步，他脫下西裝，剃去頭髮，換上一襲袈裟，前往印度和歐洲旅行，過著僧侶的生活。

　　有三年的時間他都在研讀東方哲學思想，每天靜心好幾個小時，齋戒一次就是好幾天。他每天會花半天的時間追求自我成長，另外半天的時間則用來幫助別人。他在印度和歐洲幫助需要的人建造永續村莊，輔導世界各地千禧世代的孩子，認識什麼是自我意識，什麼是健全安康，並教導他們成功的意義。

　　回到英國時，謝帝搬回父母家，全身毫無分文。而且，按照西方世界的標準，他已經自毀了他的職業生涯。商學院時代的朋友都已成為高級白領，但是謝帝連公車都搭不起。就在那時，發生了一件有趣的事。他的老朋友邀請謝帝去他的公司演講，把他從旅行中學習到的平靜和自我知覺分享到商界來。原來，他的老朋友個個每天都背負著沉重的壓力，他們需要心靈的指引和智慧，這正是謝帝

所擁有的。

在這過程當中，謝帝開始錄製勵志影片。雖然這些影片看來非常低調，主人翁也沒有知名度，但卻有貨真價實的充實內容。這些影片反映出傑‧謝帝的本性，還有他從他特別的人生經歷中所洞察的智慧。簡單說，他就是秉持真我。

謝蒂的影片吸引了《赫芬頓郵報》創辦人艾莉亞娜‧赫芬頓（Ariana Huffington）的注意，延攬他加入《赫芬頓郵報》。謝帝在此快速地累積了自己的粉絲群。不到一年之內，他就成立了自己的影片公司，開始建立自己的品牌。

現在，他的粉絲人數達上千萬，這些人每天都接受他的幫助。他的影片標題都是這樣的：「如果你在談遠距離戀愛，先看這部影片」、「如果你需要方向，先看這部影片」，很容易打動人。為了不違背個人宗旨，他的影片都是免費授權（另有贊助商為他提供贊助）。他為粉絲所提供的，除了純粹的價值，再沒有其他，難怪他能累積這麼多粉絲。反之，他所獲得的回報，也是最具有價值的物品：粉絲的關注。

另一個保持真我聲音的範例則是大地王子，理查‧威廉斯（我們用他寫的詩〈我把學校制度告上法院！〉合作拍攝影片）。他是詩人、演說家，他創作的口述作品，談論的主題遍及教育、種族主義，以及環境議題。他重視性靈，心中時常充滿愛，他向數百萬名粉絲呼籲要相互理

解、心存憐憫。然而，他自己的成長過程並不順遂。

大地王子成長於密蘇里州聖路易市的一處貧窮區域，從小夢想成為一名饒舌歌手。他想受人尊敬，想在成千上萬喜愛他的粉絲面前表演。努力追夢好多年，他總算爬到某種程度的地位，也掌握了幾次獲得突破的機會。但他不滿足，持續以比他成功的人士為榜樣，想弄清楚他人成功的祕訣，才能讓他繼續往上爬。然而，他卻飽受挫折，最終他放棄了這條路。他領悟到，原來這個夢想讓他痛苦，他發現他真正想追求的，也就是他想從音樂當中尋求的，是快樂。他並不是真的想要成為嘻哈明星，他想要的是「快樂」。

這個領悟讓他決心走上另一條道路來尋求快樂。這個時候，他在學校所受的教育派上了用場。他靠著密蘇里大學聖路易斯分校（University of Missouri–St. Louis）給他的全額獎學金念完大學，並以優等生的榮譽畢業，獲頒人類學學士學位。他開始閱讀關於靈性方面的書籍，從古典到現代，只要找得到，統統都找來看。

從這個自我省思的過程中，他了解到，他永遠不會透過做何事情找到快樂。他得到一個結論，「做」什麼不會讓他找到快樂，只有讓自己「成為」什麼的境界，才是喜悅和平安所在之處。

對人生有了全新的看法之後，又因為天生就喜愛創作，因此，大地王子再度執起筆來。這一次，他寫的不再

是饒舌歌，而是詩，風格現代、前衛又能發人深省的詩文，這種藝術原本就深植於口述技藝的傳統之中，只是過去曾被認為難登正統藝術的大雅之堂。

這個創作類型是否能受歡迎，其實也不是重點，重點在於，大地王子決定要回歸真我。而這一次，奇妙的事情發生，觀眾開始回應他了。他的口述詩文很快地搶走他其他作品的風采，不只是表現在其受歡迎的程度或是被動觀看率，觀眾還給了他很大的迴響。觀眾超愛他的新嘗試，現在他們願意付出互動，不只是分享，還帶動更多的粉絲聚集到他這裡。

大地王子是有天賦的，但他直到發掘出自己真正的聲音，事業才真正起飛。現在的他已經是一名大咖網路名人，他找到了自己的聲道，投射出酷炫又有頭腦的形象。他挑選複雜的議題，用深度個人化又普世易懂的方式解釋給大家聽，不僅融入感情、知性，又符合當下的需要。

大地王子和傑・謝帝兩位網路名人具有許多相似之處，他們都注重靈性，強調要用積極的思考來看待世界，當然，這並不是成為成功網路名人的唯一道路。如果你表達的是粗糙、急進、褻瀆的聲音，並不一定就行不通，印度裔的加拿大網路名人莉莉・辛格（Lilly Singh）的頻道叫做 IISuperwomanII，意思是女超人，就是另一種極端的範例。莉莉・辛格所表現出的風格，就是在說你必須打破迷惘，你必須做自己生活的「老大」。

　　她所表達的是一種「從不退縮」的真實態度，從不掩飾她的看法和價值觀，甚至會毫不留情地用髒話罵那些挑釁她的人。她的獨特聲音好似一把榔頭，經常給觀眾帶來巨大震撼。她的影片基調是鼓舞年輕女孩和同儕女性，賦予她們力量，像是教她們如何克服在校園裡的恐懼，如何對抗惡霸，如何面對這個紛擾的世界，站穩自己的腳步。現在，她已經將影片訴求拓展到「教化」腦袋僵化、眼界狹窄的愚蠢之輩，利用滑稽、毫不加掩飾的風格，加上雖然聽起來缺乏分寸，卻淺顯易懂又具娛樂性的語言來突顯這些人的愚昧。她奮力對抗那些糾纏著她的不公不義、偏見、自我懷疑，而她所傳達出的訊息，包括一本暢銷著作，引起了非常大的迴響，人們持續成為她的粉絲。

　　她有一支知名影片叫做《一堂給種族歧視者的地理課》（*A Geography Class for Racist People*）。之所以會拍這支影片，是因為有人到她另一支影片下面留言謾罵：「滾回你自己的國家，你這個巴基斯坦阿富汗印度穆斯林蕩婦兼恐怖份子」，還標籤「＃讓美國再次偉大」，這則留言不僅錯字百出，連「美國」的英文字都拼錯了。

▶《一堂給種族歧視者的地理課》
網址：https://youtu.be/8WfEkXvGQhY

　　莉莉・辛格選擇不去進行毫無意義的對話，反而利用這個機會，直接對她的觀眾說，當可怕的事情發生時，會出現兩種人，「有一種人會齊心團結，拒絕讓恐懼來分化他們」，而另一種人則是「種族歧視白痴」，連上網都應該受到禁止。

　　她在影片裡重現教室的場景，直接對著這位種族歧視白痴上課，她說：「我看到有人不懂某些常識就是不高興，如果你是種族歧視人士，至少要把世界地理弄對。」她站在世界地圖前面，提高音調，好似在對四歲小孩上課一樣，用帶著諷刺並適當夾雜挖苦的話語，煞有介事地搬演了一堂地理課。「恐怕你已經有好多年都沒有機會使用你的護照了吧，就跟你的陽具一樣，」她帶著一抹狡詐的微笑，說：「不過沒關係，這一次你一定能順利起飛。」

　　她先在地圖上指出，她的祖國加拿大跟美國的距離其實非常近。至於該名網友希望她滾回去的地方，她說：「印度、巴基斯坦和阿富汗事實上是三個國家，你這個『美澳英』蠢蛋。」[16]

　　這支影片可以說是喜劇雛形的大師課，不僅停頓的時間計算得剛剛好，詼諧、機智的臺詞含有恰到好處的嘲

16　譯注：這裡用「美澳英」（American-Aussie-Brit）三個白人國家，來呼應印度、巴基斯坦和阿富汗這三個有色人種的國家，具有對比意味。

諷。此外，這支影片也成功達到了另一個更高的目標——
撕下那些錯用美國民族主義的醜惡臉孔，同時強調包容、
憐憫、教育的重要性。

　　這支影片的調性百分之百合乎莉莉‧辛格一貫的品牌
風格，她的觀眾就愛她這一點。莉莉‧辛格已經累積了三
千五百萬名粉絲和數十億的影片觀看數，她不僅名列《財
星》雜誌報導收入最高的 YouTube 網路名人之一，意義更
重大的是，她獲得聯合國兒童基金會（UNICEF）指派成為
親善大使，她認為這是她最高的榮耀。

　　眾多網路名人之所以能獲得巨大的成功並累積這麼多
粉絲，是因為他們找出了自己獨特的聲音。他們向觀眾傳
達的，是非常真實的自我。

　　品牌需要向他們學習，用相同的方式思考。當然你可
以爭論，在法律領域裡並不能將企業視而為人，但是從行
銷的角度來說，這是未來唯一的路。品牌必須視他們自己
跟人一樣，也要變得具有獨特性、辨識度和自我的特性。
他們要能擁有清楚和具有特色的聲音，從一團不明所以的
行銷亂象中脫穎而出，變得獨一無二且形象鮮明，最終才
能讓他們的訊息突破四周的雜音。

你的中心思想就是你的聲音

要從人物設定的典型跳到品牌設定的典型，並不是畫一條直線就好，但也沒有像登月般困難。傳統廣告還很風行的年代裡，紐約曼哈頓市區的麥迪遜大道（Madison Avenue）是所有超級名店和品牌廣告雲集之處，這裡也成為展現品牌中心思想的地方。廣告代理商會收取上千萬元廣費，試圖用短短幾個字的廣告語，來捕捉並傳神地表達出某個品牌的主旨。這些廣告語都是很有效的行銷工具，有些甚至深入民眾的生活，人人琅琅上口。不過，這並不表示那些廣告語真的定義了品牌的中心思想。

讓我們舉幾個例子。

- 美樂淡啤酒（Miller Lite）：口味美好，負擔更少。
- 肯德基炸雞：吮指般的美味。
- 美國運通卡：出門別忘了它。

注意一下這些廣告語是如何定義他們的產品。「吮指般的美味」是說肯德基有多好吃，吃完還讓人忍不住想舔指頭，但這句廣告語裡沒有任何一個字眼告訴你這是個什麼樣的品牌，或者它代表了什麼。基本上，這句廣告標語就是在說「我們的炸雞很好吃」，五十多年來發揮了很好的效用。可是到了現今，這家連鎖速食餐廳也不得不向現實低頭。肯德基放棄了他們這句知名的流行口號，開始尋

找應該用什麼訊息，才能讓他們更合於時代潮流。在筆者寫作本文的時候，他們還在尋找。

並不是說那句口號已經退流行。這些口號仍舊象徵了某一個時代的精神，但是在今天，品牌標語不能只定義一項產品，而必須定義該品牌的「中心思想」。消費者越來越意識到的，是某個品牌代表了什麼，品牌的核心精神會影響到他們能攻下哪裡的市場，這點更甚以往。被認為具有正直格調和社會良心的品牌，所吸引到的顧客關注，比單單把重心放在產品上的品牌要多得多。

有時候，一句了不起的廣告語能同時傳遞品牌的精神和宗旨。請看下面的例子。

* 耐吉運動鞋：Just Do It!
* 萊雅化妝品：因為你值得。
* 蘋果公司：不同凡想。

像這樣的口號能夠超越一般的層面，傳遞出更深層次的東西；這些口號能用來發展網路上的論述和行銷策略，因為它們可以超越產品層面，讓人們一眼看出其品牌的精神和價值觀。

注意到了嗎，這些廣告語中沒有任何一則提到任何特定產品或其產品特性。「Just Do It!」也可以拿來當做是某個嬰兒尿布、寵物食品或跳傘學校的廣告語。聽到這個提議，你可能會覺得很好笑，其實正是因為這個標語已經深

植人心，我們都會認為這句標語只能用來形容耐吉，無法適用於其他品牌了。簡單的三個英文字，句尾再加上一個驚嘆號，傳神地表達了一個勇往直前、追逐極限的精神，無論到底是要去做什麼。[17] 這句廣告語用一句話就說明了品牌所代表的精神，同時還能達到一種精神感召的作用，讓你對於選擇這個品牌的自己，感覺良好。反過來，這句廣告語完全沒有提到任何跟運動鞋有關的東西。

同樣的，萊雅集團的「因為你值得」，跟他們的產品一點關係也沒有，卻傳達出一種價值觀。它讓你知道，選擇這個品牌，代表的是你想寵愛或犒賞自己，因此你能夠選擇最好的（無論選擇的是什麼）。選擇這個品牌，就好像是你拍拍自己，給自己一個喘息片刻，因為你值得。雖說如此，但在這個社會覺醒和社會意識逐漸高漲的年代，這句口號還能夠繼續為萊雅服務多久，值得繼續觀察。

「不同凡想」，則是濃縮了蘋果公司精神的一句經典口號，在果粉心裡，這句話更有著與蘋果創辦人賈伯斯非常強烈的連結。這句口號之所以有力量，是因為它非常純粹，完全突顯了蘋果的精神。它使人聯想起蘋果公司走上歷史分水嶺的那一刻，做為一個年輕的新創品牌，蘋果開創了整個家用電腦的未來前景，更帶動了行動媒體的大革命，這正是我一開始動筆寫這本書的初衷。

17　譯注：「Just Do It!」的意思，就是「不管怎樣做就對了」。

　　一切都要回溯到一九九七年，賈伯斯在不得不離開自己一手創立的公司多年之後，終於重返蘋果。他的回歸促使蘋果公司進行了大刀闊斧的改革。公司組成全新董事會，發布新產品，舊的產品線遭到剔除，與微軟達成授權協議來解決一件長期的法律糾紛。這些要事都辦好之後，賈伯斯終於有餘裕想到行銷方面的需要。

　　蘋果的廣告公司 BBDO，想出了一句廣告標語「蘋果回來了」，大家都很喜歡——除了賈伯斯。賈伯斯說這句話很蠢，因為蘋果並沒有回來。他說的沒錯。蘋果並沒有真的回來，一點也沒有，他們需要某個讓他們能回到消費者心裡的東西。

　　賈伯斯邀請了其他公司來比稿。其中一家叫做 Chiat/Day，他們就是為蘋果第一部個人電腦麥金塔想出那支有名的「一九八四」廣告 **18** 的公司。他們想出了「不同凡想」這支廣告的核心概念。賈伯斯認為這句文案非常出色，他認為這就是蘋果公司的核心理念——蘋果公司過去所代表的精神，未來也要再次拿出這樣的氣魄。

　　第一部麥金塔電腦問世時，人們對個人電腦的概念感覺非常遙遠，不切實際，有如科幻小說般的荒謬。那時候

18　譯注：麥金塔電腦在一九八四年問世。這支廣告引用了著名的反烏托邦小說《一九八四》的典故，廣告以黑白畫面呈現群眾穿著一模一樣的衣著，像機器人一樣聽著螢幕上的「老大哥」訓話，然後一名穿著白衣紅短褲的短髮女運動員跑進來，揮舞手上的斧頭砸毀牆壁上的螢幕。這支廣告後來也跟麥金塔電腦一樣，具有經典的地位。

的電腦都非常巨大，需要建造一座倉庫才能容納，只有大型企業才有辦法購置電腦。誰會買一部電腦放在自己家裡的書桌上？蘋果一定是瘋了。

看吧，到底瘋了的是誰呢？「不同凡想」（這句話的英文還不合文法呢）[19]，敢於做出不同的想像，一直都是蘋果公司從開創以來一直秉持的核心價值。當蘋果公司失去賈伯斯的時候，這家公司也失去了焦點。他們開始做軟體授權，出租硬體，或是製造跟競爭對手一樣無趣的灰色方形產品。他們失去了獨特的聲音。等到賈伯斯回來重新掌舵，開啟這支「不同凡想」的行銷方案，蘋果才又推出新的 iMac 電腦和 iBook 筆記型電腦，將公司的利潤和股價同時推上高峰。這是一個世紀性的重返榮耀的故事，而這全都是因為這家公司找回自己真正的聲音。

要找到自己真正的聲音，最好的方法是剝除一切外在的華麗和光輝，叩問自己，最初到底是什麼讓你認為你的事業實在是個了不起的點子？就像我們分享力公司所做的，還有蘋果公司所做的。但是重點在於，你必須誠實面對自己。

要來測試這個真理，我們根據過去幫助品牌進行轉型

19　譯注：「不同凡想」的原文 Think Different，合乎正確文法的寫法應該是 Think Differently。但是，後來制定的 Think Different，不僅念起來更為鏗鏘有力，其本身的不合文法也可解釋成是在暗喻蘋果敢於不同之處。

的經驗，發展出了四個重要步驟。如果你很痛苦，找不到
自己的聲音，這幾個步驟可提供你做為參考。

1. 做個基本市調，找出你「不是」什麼

通常，公司會進行市調，找出他們能向顧客銷售什麼
東西。在這個步驟，我們要你做市調來找出「你是誰」。
聽來工程浩大，但你可以應用一個祕訣，讓你從範圍極度
廣大的問題當中，導引到事實的真相。

你要問人們的問題，是他們認為你的品牌是什麼，他
們認為你公司是做什麼的，無論是服務，是商品，或是投
機事業等。你所要聽的，並不真的是他們的答案，而是你
對他們的答案產生什麼樣的反應。記住，你要尋找的答案
是關於「你自己」，不是別人口裡的答案。舉個例子，假
設你跟分享力一樣是個行銷公司，有人說：「你們應該成為
一家廣告公司，跟其他人競爭，製作價值上百萬元的電視
廣告，因為你們一定很厲害！」聽到這樣的評論，大概會
讓你全身起雞皮疙瘩吧。

這就是你要按下暫停鍵的時候。剛才發生了什麼？

你要注意的，並不是要聽人家說什麼，而是人家說的
東西讓你產生了什麼樣的感覺。如果有一半的人都要你去
跟廣告公司競爭，但你的直覺在你心裡大喊：「不對，這是
錯誤的，廣告公司的模式正在衰退，電視廣告已經是過去
式了，數位式互動才是未來！」那麼你就會知道，聽從這

份市調的結果一定是件愚蠢的事。

　　我們的創意總監總是這樣說：「統計學是一門科學。如果有一個人一隻腳站在火坑裡，另一隻腳站在冰塊裡，平均起來的結果會是，他沒事！」

　　當然，事實才不會是如此。這個人一定會因為一腳站在火裡，一腳站在冰裡而非常痛苦，但是沒有任何試算表或是數據餅圖能夠顯示人真正的情緒。那是因為人是複雜的機器，我們做的每件事都互相關聯，特別是你所熱愛的事物和你所擅長的事物。別忘了，熱情是關鍵。並不是說你從事你所熱愛的事物就一定會成功，但至少你會有個起頭，和一個拚搏的機會。

　　你可能會問，如果我不是個天生就具有熱情的人，怎麼辦？嗯，那表示你不是很了解你自己。每個人一定都對某件事物抱有熱情。這天生就存在我們的基因裡。你必須找出，你的事業是哪一點讓你充滿熱情。可能不會是「會讓我成為成功人士」或「讓我賺大錢」，或是任何這類很模稜兩可或普通的答案，而是在與你具有重要關聯的層面上，非常具體，非常關乎於你個人，對你具有獨特意義的事物。

　　拿我來說，我熱愛包裝事物。從這邊拿一點這個，取一點那個，堆疊在某個厚實的基礎上，用一種新穎而獨特的方式，全部加在一起，說出一個讓每個人一聽到馬上為之瘋狂的故事，這就是我最真切的熱情所在。一開始，我

很排拒這個想法。這聽起來偏感性，好像有點虛浮，缺乏商業獲利的潛力，但我慢慢地了解到，故事才是一切。對於像聊天型社群媒體 Snapchat、租屋型軟體 Airbnb 和音樂型軟體 Beats 這類公司，正是他們為公司做包裝和定位所講的「故事」，才是使這些公司具有幾十億身價的原因。跟他們能夠拿出怎樣的財務數字或淨利沒什麼關係，重點在於能不能說好一個故事。不知道為什麼，我就是莫名地著迷於這種有如走鋼索般的遊戲，分享力公司要如何做包裝和定位，就是我能為這家公司帶來真實價值的地方。

　　好，那麼你該找誰來做這份市調？誰都可以。從詢問朋友、家人、同事開始。你可以研讀一些跟你的公司很相像的公司案例，或者非常不相像的也可以，然後看看你是否能找出哪些你認同的地方。這個活動的重點，是要給你足夠的時間和方向，讓你傾聽你內心真正的聲音。聽從那股微小的聲音，它會告訴你要往哪裡走，把大眾的意見當成防護欄，你會知道你「不應該」往那裡去。

2. 觀察競爭對手來尋找機會

　　研究並了解你所處的產業中，有哪些聲音已經非常普遍，這能幫助你找出你的獨特定位。祕訣是要找出市場斷層中是否有某種聲音，與你的信念相吻合，這就是甜蜜點的所在。

　　在這方面，我們可以拿好萊塢女星潔西卡‧艾芭

（Jessica Alba）和她的自創品牌誠實公司（The Honest Company）為例。潔西卡‧艾芭早期因為熱門電視劇《末世黑天使》（*Dark Angel*）和她後續演出的《驚奇 4 超人》（*Fantastic Four*）、《萬惡城市》（*Sin City*）、《情人節快樂》（*Valentine's Day*）等電影而走紅。她當時在影壇的形象和特質，就是渾身散發神祕魅力和好萊塢光環的性感女星。不過，二〇〇七年她生了第一個小孩後，一切開始出現變化。成為一個母親，她開始有了自覺，開始研究和學習一切成為好媽媽應該知道的事情。

她讀的其中一本書是克里斯多夫‧葛文根（Christopher Gavigan）寫的《健康的孩子與健康的世界》（*Healthy Child Healthy World*），這本書對她產生深遠的影響。艾芭了解到嬰兒用品中的有毒化學物質具有潛在危險，某些不同的疾病可能與這些化學物質有所關聯。由於她幼時就飽受氣喘和過敏等相關疾病所苦，她相信她的疾病與那些化學物質脫不了關係。

她很氣憤地發現，原來主管機關並沒有為消費者好好把關，製造商可以將未經測試和有毒的化學物質用在嬰兒洗髮精和尿布等產品當中，因為這些東西能帶來好聞的香味。接著，她檢視市場上的產品，想尋找不會讓她的寶寶置身危險當中的「乾淨」產品。但結果令她失望，市面上乾淨產品的選擇非常少，不是品質很差，就是非常昂貴。

從這個聆聽內心聲音的歷程中，艾芭做了一個人生的

重大改變。她決定站出來，為那些同樣追求安全、質優又
價格合理的寶寶產品的媽咪們發聲。因此，她成立了誠實
公司，自己來做這件事。

　　她花了幾年的時間制定業務計畫、尋找資金來源，期
間她生了第二個寶寶。這家公司在二〇一二年成立並開始
營運。她的商業點子之所以能奏效，是因為它傳達了非常
獨特的聲音，她建立了一個真正聆聽父母心聲並致力於保
護孩子安全的品牌。因為這一點，這家公司的業務突飛猛
進，到了二〇一五年，市值已經達到十七億美元。

▶ 誠實公司的網頁 honest.com

　　對艾芭來說，這是一個自然形成的發展，但你可以更加自覺地來做這件事。第一步，是先深入觀察你想進入的產業或商業類型，仔細研究其中所有大型參與者的聲音。嘗試用簡短幾個字來摘要敘述每一種聲音，寫下他們代表了什麼。檢視你所有的競爭對手，思考他們跟你之間的相同點和差異點。市場上是否哪裡還有比較明顯的空缺？是否有空間容納一個良心品牌？一個前衛的品牌？還是一個直接訴諸某個特定族群的品牌？機會在哪裡？如果你像潔西卡・艾芭一樣，明確看到一個跟你熱衷之事能夠相互呼應的機會，那你就可以放心加入戰局了。

　　找到自己的聲音，也可能意味著要為你的生涯或人生道路做出改變。尼克・瑞德（Nick Reed）是我在分享力的事業夥伴及共同創辦人，過去曾在好萊塢通稱 ICM 的頂級人才經紀公司國際創意管理公司（International Creative Management）工作。他從擔任經紀人助理開始做起，一步步升為經紀人，接著成為 ICM 的電影文藝部門主管。他的客戶包括幾位業界的金牌電影導演和編劇，像是傑・羅奇（Jay Roach）（《王牌大賤諜》和《門當父不對》系列電影導演）、安東尼・法奎（Antoine Fuqua）（《震撼教育》導演）、彼得・摩根（Peter Morgan）（《請問總統先生》）等；他還參加過熱門電影像是《BJ 單身日記》的製作。

　　他每天的工作時數非常長，週末也不得休息。做經紀人這一行有個不成文的說法，如果你星期天都沒有全天候

工作的話，那麼你星期一也別來上班了，因為會有另一個
人取代你。即使工作壓力如此大，尼克還是熱愛這份工
作，他喜歡擔任經紀人，幫業界裡那些才華洋的人把作品
成功搬上大銀幕。

　　然而，多年過去，藝人經紀這個行業開始有了變化。
大型經紀公司必須變得更加壯大，才能繼續競爭下去，因
此合併其他公司成了常態。而其他公司則經常會嘗試挖角
彼此的客人。所以，尼克不僅要處理自己客人的事務，還
要應付很多人事上的問題、競爭對手的攻擊、公司內部的
權力爭奪戰。有一天，他坐下來，看著自己過去的成就，
想著他是多麼想離開這份事業。

　　是的，他曾經跟最了不起的電影工作者和最閃亮的電
影明星共事。做這個行業需要很多的天賦創意，但他卻要
花許多時間在解決問題或是跟人協商。他的工作並不是真
的要他說故事，而是要幫助別人把故事說出來。二〇一〇
年，他決定急流勇退，離開 ICM 去追尋自己的創意事業。
他想做一些真的能讓他感動，打動靈魂深處的事情。

　　過沒多久，他認識了艾莉絲・赫茲桑默（Alice Herz-
Sommer），他從這個人那裡聽到多年來他所聽過最扣人心
弦的故事。艾莉絲・赫茲桑默當時已經一百零七歲了，她
是世界上最年長的猶太大屠殺倖存者。她逃過納粹魔掌的
故事，以及她的人生觀，都深深地打動了尼克。事件當
時，艾莉絲與年僅六歲的兒子一同被關入捷克的特雷津

（Theresienstadt）集中營，在那之前，她是一位享譽歐洲的
鋼琴家。為了保護自己的心智，不讓自己發瘋，艾莉絲從
音樂中尋找救贖。她在集中營裡舉行超過一百場的鋼琴演
奏會，她的樂聲也撫慰了其他人的心靈。

　　不管這個計畫的商業潛力如何，尼克決心要拍攝艾莉
絲的故事。他說服一位從事紀錄片工作的好友麥爾坎‧克
拉克（Malcolm Clarke）和他一起拍攝這部影片。他拿出自
己的錢投資，不支領薪水，和麥爾坎共同完成了一部短片
《六號房的女士：用音樂拯救生命》（*The Lady in Number
Six: How Music Saved My Life*），影片記錄了音樂、笑聲和
樂觀是如何帶領人們，在最無助、絕望的境地，走向生命
的光輝。

　　尼克將他所有的業界知識都投注在這部影片的製作和
行銷上，讓艾莉絲的故事被世人聽到。他也對自己產生不
同的領悟，他發覺創作能為他帶來快樂。他帶著這份新得
到的啟示加入分享力。

　　為了宣傳這部紀錄片，我們剪輯了一些容易分享的短
影片，積極地向許多部落客和網路名人進行推廣。結果，
我們獲得非常廣大的觸及量和媒體關注，連奧斯卡影藝學
院都注意到這部影片，讓我們獲得了奧斯卡獎項的提名。

　　獲得提名之後，我們繼續替這部影片打造社群意識和
知名度。傑出的影片及其積極正面的意涵，這兩者的結合
為它贏得最高的榮耀。頒獎之夜，《六號房的女士：用音

樂拯救生命》贏得了奧斯卡最佳紀錄短片獎。唯一的遺憾是，艾莉絲在頒獎典禮前一星期以一百零九歲的高齡遺愛人間。不過，她仍在有生之年，親眼看到了她的人生故事影響了無數眾人，她也幫助了尼克，不只是他用第一支影片就拿下一座奧斯卡的殊榮，他也找到了自己的聲音。

3. 制定並精煉你的使命宣言

這聽起來似乎是要你自吹自擂，但是分享力公司是真實地相信，弄清楚你的品牌可以分享什麼，會幫助你找到你的使命宣言。為什麼其他人會想和朋友提起你的品牌？為什麼他們想分享你的故事？

不要感到驚訝，這對最乏味的生意也適用。就連製造衣架都有值得訴說的故事，你就是得好好地深入挖掘一番。這個練習就是要找出公司最核心的精神，好好地為它賦予浪漫的色彩。

基本上是這樣的：如果一個品牌做的是對的事，則必定擁有一個核心價值或資產，能夠引起人們的迴響。品牌的中心一定存在著什麼，為其賦予了定義和特殊之處。這裡的關鍵，是其本質不必然一定要是某種賣點，卻必須是一種核心的思想，讓這個品牌保持真我，得到自己的聲音。

我們來看看服裝品牌 Patagonia。他們原本只是一家小公司，以製作登山用品起家。他們現在仍然在生產登山用品，但也製作給戶外運動者穿的專門服裝，像是滑雪、

雪板、衝浪、飛蠅釣、站立划槳、山徑長跑等，或者只是任何人坐在沁涼秋日的戶外咖啡座，想舒舒服服地保持溫暖，也很適合選購他們的衣服。他們沒生產的只有摩托車外套、賽車手套，或是運動隊伍的賽服。他們製作的商品大多用在比較安靜的運動，必須在戶外進行，強調個人達成的成就。

Patagonia 的價值觀繼續反映出他們極簡風格的根源，他們的設計永遠以簡單和實用為理念。這份對於野外大自然的熱愛，讓他們起心動念，加入保護野生動物、花卉和植物的行動行列。他們致力將製造時產生的汙染減到最低，不僅投入自己的時間和精力，還捐出銷售營收的一部分，直接用來幫助世界各地的草根環保團體。

他們堅守核心價值，製作高品質的產品，使他們能贏得客戶的認同，願意用較高的價格支持這樣的企業良心。

他們將公司的核心價值，化約成一份使命宣言：「Patagonia 致力於打造最好的產品，不製造不必要的傷害，透過商業做法，推動和執行解決環境危機的方案。」對於一家已經屹立不搖三十餘年，每年營收都超過兩億美元的公司來說，真的不容易。

4. 無論如何，真誠以對

網路有一種非常神奇的牛皮偵測器的功能，茫茫網海之中要是哪裡有人吹牛亂說，馬上就會以閃電般的速度被

偵測到。不像在電視廣告還很風行的年代，要是廣告語出現什麼不雅或誤導的意涵，人們得親自寫信去抗議或是等新聞報紙報導；而在網路世代的今天，人們可以立即在平臺上留言。是的，抗議的人真的非常多。哪怕是你的訊息或你的形象只有一絲絲虛假的成分，這一丁點小東西也會迅速在像是 Reddit [20] 之類的鄉民論壇上引起軒然大波。

　　被轉到討論區批評一番還不算太嚴重，你可能只是一個不受矚目的小品牌。想一想，要是有個大型品牌發布了某個看起來真實性大有問題的東西……這也有案例可談，讓我們來看看百事可樂跟坎達兒・珍納（Kendall Jenner）[21] 合作的一檔廣告。

　　很久以前，可口可樂是軟性飲料界的霸主，畢竟，只有「可口可樂，才是可樂」[22]。等到百事可樂出現之後，百事必須想辦法把自己跟老大哥可口可樂區分開來，表現他們才是新一代的可樂飲料。百事可樂想出的廣告語是「新一代的選擇」，主打青少年市場，做出了很好的成績。

　　不過，近年來的百事卻出現與新世代雷達接不上線的

20　譯注：Reddit 是一個集娛樂、新聞、社交等功能於一身的網站，架構就像一個電子布告欄系統。Reddit 像是美國版的 PTT 批踢踢實業坊。

21　譯注：坎達兒・珍納是金・卡戴珊的同母異父妹妹，因為拍攝實境秀《與卡戴珊同行》而出名。她本人是模特兒，擁有自己的美妝品牌。

22　譯注：作者在這裡使用了「It's the real thing」的雙關語，這是可口可樂在一九六九年開始使用的廣告語。這句話的意涵要放在脈絡裡才能解釋，不過大致上可以看成，可口可樂是最棒、最厲害的飲料。

感覺。百事可樂在二〇一七年拍攝了一部廣告，內容關於
一位白人明星透過百事可樂，化解一場抗議遊行的危機。
這部廣告中，抗議人士舉著「加入對話」的標語，周遭圍
繞著大批警察。廣告的最終幕，是坎達兒‧珍納遞了一瓶
百事可樂給一名警察，成功化解一場對峙危機，周遭的抗
議人士都為她鼓掌。這部沒有抓好分寸的廣告運用了使人
聯想起近期一波黑人運動「珍視黑人生命」的畫面，這場
運動起源於近幾年美國好幾次發生警察濫權導致黑人喪命
的事件，但百事卻引用這個典故來販賣汽水。

▶《活在當下主題歌》（*Live for Now Moments Anthem*），百事可樂這部廣
　告第一次在電視播出是在二〇一七年四月。

　　並不是說品牌就不能玩弄前衛，或是帶著機鋒的諷
刺手法，前提是要真誠以對。連鎖速食餐廳塔可鐘（Taco
Bell）針對千禧世代的顧客推出的宣傳活動，就以出色的

手法，老實不客氣地在社群媒體大玩特玩。塔可鐘在社群
媒體上宣布他們推出外送的行動應用程式，但他們推出的
卻是一片黑幕。他們在每個社群平臺上都推出一幅黑底畫
面，上面用白色的文字寫著：「塔可鐘不在推特」、「塔可
鐘不在臉書」，然後用標籤符號寫「# 只在 app 上」。

　　塔可鐘在社群媒體上做的行銷都真誠表現他們自己，
這讓千禧世代產生認同。一開始，塔可鐘聲稱他們發現社
群媒體平臺上沒有提供經典墨西哥食物「塔可」的表情
符號，因此塔可鐘立即在 change.org 網站上發起請願。在
三萬三千名網友連署達標了以後，塔可的表情符號就出現
了。塔可鐘乘勝追擊，推出了「塔可表情符號製造機」，
這是一款推特上的小遊戲，網友可以隨心所欲地用塔可搭
配其他各式表情符號，創造生動有創意的畫面。

　　不難想像，這其實是塔可鐘用心縝密的行銷團隊一手
打造出一系列活動的策略，卻不會讓人們感到任何的生硬
或刻意，因為品牌所採取的每個步驟，都符合他們一貫以
來的形象，能讓他們的目標客群產生共鳴。

　　因此，當你找到自己的聲音以後，你要確保它為品牌
傳達出的是真實的聲音，表露出你真實的個性，以及，那
個你打從一開始花了這麼多時間和心力想追求的核心價
值。這份真誠以對的用心，會讓你的聲音清清楚楚地被顧
客聽見。

公式 5
攻下影片標題

　　分享力公司打從成立開始，就立下了一條非常簡單，但千萬不能打破的鐵律：「如果你的影片標題不能一拳擊中要害，那你也不用發布這支影片了」。

　　從 YouTube 時代開始，我們就一直遵守這則鐵律。我們的影片擴散策略有很大一部分，是要讓影片被人注意，進而吸引世界各地的文字媒體報導。因此，必須從新聞報導的觀點來看影片是否具有成為頭條的價值。雖然我們近來幾乎不再把太多重心放在公關性質的報導，但這則真理同樣適用於目前的數位環境，幫助我們的宣傳活動理出更加清晰和具體的焦點。已經數不清有多少次，我不停在辦

公室裡重複這句話：「如果想不出殺手級的標題，乾脆就不要出這支影片好了」。

　　早在網路世代以前，報紙媒體就已深諳箇中之道。例如，〈上空酒吧發現無頭屍體〉是一則典型會出現在《紐約郵報》（New York Post）上的標題 [23]。《紐約郵報》數十年來最為人所知的，就是他們經常玩文字遊戲和雙關語，使用輕佻、聳動、趣味的標題來吸引讀者買他們的報紙，讀他們的報導。多年來，他們也一直想搶下紐約市八卦日報的王牌寶座。

　　傳統大報例如《紐約時報》（New York Times）和《華爾街日報》（Wall Street Journal）等，採用的標題風格與《紐約郵報》迥然不同，主要是為了突顯他們的報導內容。因此，他們的標題較能讓人一眼看出該則報導的精髓，例如〈暴風接近佛州逐漸增強〉、〈乘客被趕下超賣航班〉等。對於一些比較重要的新聞，這幾家報紙會加大字體，製成一則標題的橫幅，但無論如何，他們都不會像《紐約郵報》那樣玩雙關遊戲，不會冒著可能會失去公信力的風險。他們要努力在公信力和讀者的注意力之間取得一個巧妙的平衡，但無論如何，對報紙來說，新聞的頭條標題非

23　譯注：《紐約郵報》是一份主要在紐約市及其周遭地區販售的日報，風格偏向獵奇、聳動的八卦小報。〈上空酒吧發現無頭屍體〉這句標題的原文是 Headless Body in Topless Bar，這句話同時使用了兩個字尾相同的形容詞和雙關語，topless 也可解釋做「無屋頂」的意思。

常重要。

　　然而，看來有點諷刺的是，對許多製作公司和傳統的內容創作者而言，一支影片的標題似乎只是拍完影片之後，該加上去的東西而已。我認為，他們真應該跟報紙好好學一學。簡單來說，如果你將影片標題視為一種可有可無的附加品，那麼你的影片也會變成一種可有可無的東西。

　　現今世界裡，人們隨時都在接收上千的頻道、上百萬則訊息的轟炸，只有最顯眼的訊息才能突破嘈雜的眾聲。例如你想讓人注意到你，就必須想辦法博得人們的注意。沒錯，你當然要有特色，要有記憶點，但更重要的，你的訊息必須讓人容易理解。「如果你要花超過一個句子的長度才能抓住人們的注意力，他們會早就路過、連頭也不回了。」

　　你在滑手機瀏覽社群媒體時，注意力區間只有短短幾毫秒而已。這正是影片在社群媒體上達到的效果那麼好的原因——因為你在滑過去的時候，影片畫面是呈現動態播放的。動作本身會驅使你的大腦集中注意力，這是很單純的動物本能。我們的基因內建著傾向注意動作的本能，因為任何會動的東西或許是天敵，也可能是食物。我們的大腦容易受到會動的物體或影像吸引，注意力停留的時間比靜止的東西久。這個特點能幫助創作者獲取一些珍貴的時間，用這個瞬間吸引人們的目光和注意力。

　　現在，要讓人真的停下手指，觀看一支影片超過好幾

秒鐘，需要兩個條件同時發揮作用：「其概念必須抓住人們的注意力」，以及「必須立刻讓人了解那是什麼」。

如果影片不能立刻抓住人的注意力，他們就只會繼續滑過去看下一則貼文。

如果他們沒有立刻了解影片是在拍什麼，他們就會放棄而離開。

若用此觀點來檢視，則全世界最棒的拍片點子都比不上有沒有做好正確的包裝。所以，再一次證明，影片標題是在社群平臺上做好內容包裝的關鍵。

在這脈絡之下，一個標題的概念須思考兩個層面：哲學性層面、策略性層面。在本章節中，我們要討論這兩種概念，首先從分享力公司在制定標題時所採取的四步驟流程開始。前兩個步驟較具哲學性，後兩個步驟則較具策略性。若能全數精通，你就能輕鬆掌握你的標題了。

1. 要讓人「弄懂」

這是最重要的概念，因此首先討論。就如前文提到的「立刻了解影片」。要讓一支影片在社群媒體上大受歡迎，觀看者必須在頭幾秒鐘就能「弄懂」它。影片「必須」立刻陳述它的宗旨。

如果影片的一開頭，是緩慢地進入一片宜人風景的畫面，旁邊有幾棵樹，橙色的陽光灑進一座庭院……我會不

知道我到底在看什麼。這可以做為英國某座城鎮的紀錄片，也可能是本田汽車的廣告。由於影片沒有在開頭前幾秒讓我知道我在看什麼，我很可能沒有耐心繼續看下去。還有別的事要做呢，例如看看下一支影片裡的可愛水獺，他們在玩石頭呢！欸，這個人在幹嘛？

就這樣，你的影片就過去了。我可能停留了三秒鐘，差不多夠長到可以算成一次臉書觀看，但這對你長期來說並沒有幫助。你沒有吸引到我，我仍舊不知道你的影片是關於什麼的。我沒有弄懂這支影片，所以我應該不會按讚或是分享。

這就是為什麼「弄懂」元素這麼重要。如果影片的標題、縮圖（假設沒有設定自動播放）、影片的前幾秒鐘都能同時完美地發揮作用，就能清楚地說好一個故事。現在網路上無論何時何處都是一片嘈雜，殘酷的現實就是，要是影片沒有在幾秒鐘內打動觀看者，人們就不會繼續看下去。如果觀看者沒有「弄懂」，他們就不會關心。

當我們公司的創意部門丟出一個點子時，我提出的第一個問題一定是同樣的老問題：「你的標題是什麼？」我要問的不是它字面上的意思。我不是想知道影片發布之後旁邊寫的那一行字是什麼。我想知道的，是「這支影片可以分享出去的核心概念是什麼？」我要求同事用短短一句話來總結這個概念，就像標題一樣。如果一個想法需要三句話才能解釋，我就會搖搖頭說，你們再回去腦力激盪，因

為這還不是一個具有分享力的點子。

　　這個簡單的見解，對我們公司的成功形成重大的影響。

　　先前曾提及奧運頻道的案子，就以此案為例。當時我們正搜索枯腸，努力動腦思考要用什麼樣具有分享力的概念才能宣傳奧運頻道。奧運只有在每隔兩年，冬季和夏季賽事盛大舉辦的時候，人們才會想到它，時間也只會持續幾個星期。但在比賽的間隔期間，一般大眾的注意力就跑到別的事情上去了。只有真正的奧運死忠粉絲才會專心追蹤各種不同體育賽事的動向和運動員的成績。奧運頻道的建立，就是為了填補奧運在比賽間隔期間的空白，集合一切相關的大小事，提醒人們別忘了競賽場上那些永垂不朽的傑出時刻。

　　我們開始為這個案子發想主題和概念時，想出了幾個很不錯、很有魄力的點子。其中一個概念，是用口語表演的方式來表彰運動員需要接受的嚴苛訓練。還有一個比較好笑的，意在表現超級明星運動員其實在日常生活領域，例如下廚或整理庭院，也有笨拙的一面。我們還想出要製作一首全球性的奧運主題歌，找大咖音樂人來演唱。

　　但最後，一個非常簡單的點子讓每個人都拍掌叫好，就是《寶寶的奧林匹克》系列，那是我們至今想出最簡單，卻最有力量的發想。

　　當時的一句話發想是這樣的：「要是寶寶也來參加奧運會怎樣？」

▶《寶寶的奧林匹克》（*If Cute Babies Competed in the Olympic Games*）
於二〇一七年四月十三日發布於奧運頻道。

　　而這正是一則棒極了的影片標題！這個概念不僅容易
掌握，而且易於視覺化。更別說，它還具備了現成的「弄
懂」元素，不可能有人會「弄不懂」。這就是為什麼這句
標題在我們的內部審查會得到眾人讚賞，也是為什麼我們
很有自信，相信這個概念絕對會得到大力分享。

　　當然，我們和奧運頻道開了好幾次會才說服客戶支持
這個概念。奧運一直以來關注的是人們在競賽場上傑出的
體育表現，而我們提出的企畫對他們來說是從未踏足的領
域。而現在，這系列影片得到數億人次的觀看，順理成章

地成為他們有史以來做過最成功的宣傳活動，這全都歸功於這句標題具有渾然天成的「弄懂」元素。

　　當你能把「弄懂」元素和任何一種可分享情緒結合，無論是快樂、驚嘆、同理、好奇或驚訝，你會得到各種出人意表的結果。傳統上，人們通常會認為，當你在網路上完整地看了一支影片，而且非常喜歡的話，你會非常想分享給朋友。大腦的線性思考模式會讓我們覺得，某幾件事情應該按照某個順序發生，但在現實世界裡並非如此。透過研究，我們發現了一個出人意料的有趣現象：當影片的「弄懂」元素擊中了觀看者的可分享情緒之後，人們會立即分享該支影片，即使他們只觀看了大約十五或三十秒而已。人們並不會等到看完，或甚至需要看完，才會把影片分享出去。他們會立即把影片丟出去，轟炸他們所有的朋友和追蹤者，這表示有非常大比例的人即使沒有看完影片，也會加以分享。看到這裡，如果這還不是要攻下「弄懂」這個條件最有力的理由，我想不出還能是什麼了。

2. 像個記者般思考

　　二〇一四年，分享力公司（當時還叫做「感染力」）成立的時候，我們的強項是幫助品牌影片在 YouTube 上得到病毒式的爆紅。那時在社群平臺上，網路內容和各種資

訊比今天少很多，但就算如此，影片能觸及大量觀眾並且
「爆紅」還是可遇而不可求的事。我們在公司成立初期認知
到，沒有什麼快速的方法能讓你打敗 YouTube 演算法並在
平臺上竄起，除非你能讓影片得到知名數位媒體和部落格
的報導。記者會寫的，都是具有新聞價值（也就是具有可
分享性）的影片，而就是這些文章才會迅速吸引成千上萬
的觀看者來看你的影片。越多報導提到你，你的影片就紅
得越快。

　　基本上，這就是要在發燒排行榜上竄升的終極手段，
某些情況下，恐怕還會直接衝到 YouTube 的首頁。我們公
司後來變得非常擅長使用這一招。如果你去翻翻我們早期
的熱門影片，會發現它們都有非常大量的數位媒體報導。
我們幫寵物食品 Freshpet 拍的影片《顯然小子的第一支
廣告》（*Apparently Kid's First Ever TV Commercial*），就幫
我們衍生了幾十篇網路文章。幫必勝客披薩（Pizza Hot）
和百事可樂拍的《濫用自拍棒的危險》（*The Dangers of
Selfie Stick Abuse*），則有好幾百篇。而我們二〇一四年
替土耳其航空公司企畫的廣告影片《柯比與梅西》（*Kobe
vs.Messi*）〔影片由克斯賓波特廣告公司（Crispin Porter）
[24] 拍攝〕時，有超過兩千則網路文章。

24　譯注：柯比與梅西分別指前美國職籃明星柯比・布萊恩（Kobe Bryant）
　　和阿根廷足球明星梅西（Leo Messi）。

▶《顯然小子的第一支廣告》
　網址：https://youtu.be/Gm5mNF_gyxY

▶《濫用自拍棒的危險》
　網址：https://youtu.be/dJ7FdeSDBH0

▶《柯比與梅西》
　網址：https://youtu.be/Svlks_34XCc

　　正因我們知道要用記者的角度來思考，才能讓影片得到這麼多報導。這需要兩種特別的思考型態。首先，我們會思考影片是否在某個層面具話題性，或是與當下的時事有關（我會在下一章深入討論這個思考過程）。第二，我們會用新聞報導的角度來思考影片標題，也就是說，設身處地想一想，當記者要報導我們的影片時，會如何構思。我們會主動把自己放在寫手的位置，從他們的出發點來思考一個關鍵問題：「我」想從中得到什麼？

　　別忘了，每個人都是自私的，大家關心的都是對他們會有什麼好處，而不是對你。

　　例如《馬沙布爾》（Mashable）新聞部落格或《赫芬頓郵報》之類的媒體，當記者或寫手寫一篇文章時，想要

的是什麼？答案很簡單，他們希望文章能激發點擊率，越多人點閱越好。這不只能提升他們自己的知名度（還有收入），也能吸引讀者來到他們的網站，以賣出更多廣告。

如果我們提供的內容，可以變成一篇能聚集焦點、網友會想閱讀的文章，那麼記者自然會想幫我們的影片寫文章。我們提供「價值」，他們則獲得價格。但是記者每天要看幾百、幾千份的素材，他們有什麼理由要挑你的東西呢？因為你已經先努力幫他們做好一則值得分享的題材，美美地擺好在盤子上，他們可以直接端走。

舉個例子。二〇一四年，索尼影業請我們幫他們宣傳一部即將上映的電影《蜘蛛人驚奇再起 2：電光之戰》（*The Amazing Spider-Man 2*）。蜘蛛人可以說是影史上最賣座的題材之一，但這個角色開始在年輕族群失去魅力。我們被交付的任務是運用我們在 YouTube 上的專長，再次擦亮這塊招牌。

能加入一部年度大片的企畫團隊，實在是夢寐以求，但也是個非常特別的挑戰。蜘蛛人是全球無人不知的品牌，電影公司會為這部電影花費上億美元的行銷預算。我們的 YouTube 廣告案跟這筆鉅額的預算相比，只不過九牛一毛。由於這項行銷活動的規模如此龐大，可以想見這部電影一定會席捲所有電影院的票房，不管從什麼角度來想，所有娛樂媒體一定會加以報導。因此，我們這樁小小的廣告案要如何突破這場巨大的聲量，造

成實質的影響呢？

　　我們必須想出耳目一新的角度，打造全新的敘事，還要在適當的地方被報導出來，才能抓住那些對以往電影行銷手法早已厭倦的網友，讓他們聚集過來。而這必須是某種讓人覺得是符合潮流，專屬於網路世界的東西。為了執行這個想法，我們需要一些適合記者報導的頭條新聞素材，也就是有關年輕世代在社群媒體上形成的熱門流行話題。

　　這真是一項艱鉅的任務。

　　當時，「跑酷」（parkour）運動是網路上的熱門話題。跑酷是一種在各式場所間快速移動，以跑步、跳躍、攀爬等技藝克服各項障礙的運動，通常以都會地區具有牆壁、欄杆、屋頂的環境做為運動場所，目的在創造出具流動感的動作。這項運動結合了體操、特技、街頭藝術，其得名來自於法文「parcours」，意思是「路線」。跑酷的影片當時在 YouTube 上非常流行，常常可以看到從事跑酷的勇者在城市裡翻、滾、跑、跳於建築物、汽車或任何你想得到的東西上。

　　跑酷同時擁有非常忠實的年輕擁護者，有幾個運動員因而竄起，成為 YouTube 明星。其中一名運動員羅尼・夏維斯（Ronnie Shalvis）拍的跑酷影片有好幾百萬次觀看。我們想到，為何不找羅尼・夏維斯合作拍片，讓他穿上蜘蛛人的服裝，拍攝一支如史詩般壯闊的跑酷英雄影片呢？

　　這支影片一開始，蜘蛛人正在追趕壞人，卻突然失去發射蜘蛛絲的能力，因此摔到地上。他有放棄嗎？才沒有！無法發射蜘蛛絲的他，轉而運用時下最厲害的跑酷技巧（當然，那是只有羅尼・夏維斯才做得到），全程影像如電影般優美流暢，讓人感到那是實實在在的真功夫，又保有一種樸拙的美感。這支影片延續了時下流行的跑酷影片拍攝方式，將敘事維持在最低限度，焦點則大量地放在形形色色由夏維斯所表現的翻滾和特技上。年輕觀眾喜愛這種表現細節的風格，他們可以觀看這支影片，以便學習並複製當中的跑酷技巧。影片收尾的方式回歸蜘蛛人角色的特點，我們看到警察抵達現場逮捕已經被蜘蛛人制服的壞人，他則躲在角落靜靜觀看，準備下一次的出動。

　　影片的一切都和年輕人喜愛的熱門話題有關，但標題中所主打的關鍵元素，卻是記者會想報導的。我們思考影片的概念時，同事還想出了一個有趣的標題：「他不是彼得・帕克，是彼得・跑酷 [25]。」這句話將一個老派的文字遊戲扣上現代時興的話題，絕對會是每個記者都喜歡的，因為我們幫他們把一半的工作都做好了。這也恰好是網路世界會喜歡的標題，後來事實證明正是如此。這支影片立刻以超過一千五百萬的觀看數登上 YouTube 首頁，之後所衍

25　譯注：蜘蛛人的名字是彼得・帕克（Peter Parker），帕克跟跑酷（Parkour）的拼法和念法剛好相當接近。

生的後續觀看和重新上傳也達到了千萬次之多。這支影片
更在世界各地促成了好幾百篇的報導，當中包括我們原本
就想主打的目標《馬沙布爾》新聞部落格，資深記者 T・
L・史丹利（T. L. Stanley）就寫了一篇報導，標題為〈等
不及看蜘蛛人 2 了嗎？先來看彼得・跑酷吧〉。

▶《超驚奇蜘蛛人跑酷影片》，（The
Amazing Spider-Man Parkour）於二〇
一四年四月二十九日發布於 YouTube 的
Ronnie Street Stunts 頻道。
網址：https://youtu.be/qK-LPEtbajQ

　　這篇報導的內容簡單扼要地替我們完美地傳達了其中
精髓，他寫道：「要是蜘蛛人的蜘蛛絲用完了怎麼辦？飛簷
走壁的超級英雄要如何讓女朋友為他心裡小鹿亂撞，要怎
麼教訓壞人、拯救紐約市？當然，他得靠他的兩條腿，畢

竟，他可是彼得・帕克。或者說，我們稱他為會跑酷的彼得吧。」

我們自己寫的話，根本不可能像他寫得那麼好。

另一個例子，是我們替專賣花襪的瑞典品牌 Happy Socks 拍的影片。我們想突顯他們超越框架的設計風格，因此也想出了一個超越框架的點子，以及一句引人注目的標題──《登上雲端滑雪板》(*Snowboarding In The Clouds*)。

真是一個了不起的標題！

這個點子來自分享力的共同創辦人卡麥隆・曼沃寧，他參與了非常多「驚嘆之王」戴文的 Devinsupertramp 頻道早期影片。這部影片的概念如同標題，我們要將一位雪板運動員用一條兩百英尺長的鋼絲吊在直升機上，讓他毫不費力地在白雲上滑行──即使已過了好幾年，這支影片仍舊是我們執行過最酷、最大膽的點子之一。影片的標題具有非常強大的單純性和視覺吸引力，我們對此概念極度樂觀，覺得它必定能突破網路雜音，直直升上 YouTube 發燒排行榜。

我們甚至找了本身就是百萬富翁的冒險家，綽號「狂人」的艾德恩・森尼（Adrian "Wildman" Cenni）來為我們這支成本高昂的影片出資，並親自表演這項特技。

一切準備就緒，直到我們真正要拍攝這支影片……

從來沒人嘗試過這個概念，而我們很快就知道為什麼了。執行不僅困難，花費亦非常驚人，使得它幾乎變成不

可能的任務。我們所想像的畫面，是滑雪員滑行穿過軟綿綿的白雲中間，好像用刀切過奶油一樣不費吹灰之力。然而，當我們把「狂人」送上空中之後，我們才發現現實的嚴峻。我們遇到的難題是，他掛在吊繩之上看起來非常無助，一點也不像我們所想像的樣子。

用一點物理學的知識，就會發現此想法難如登天。滑雪板所呈現的酷勁和優雅，事實上是來自地心引力的推拉作用，滑雪員的身體要與陡峭的斜坡對抗，雙腳要使出力量，才能呈現出運動員被漫天雪粉所包圍的優美畫面；但是，來到空中卻完全不是這麼回事。因為，雲不過就是一團團的水汽，沒有任何可以「推」的著力點，只有地心引力把穿戴背帶的人往下「拉」，運動員就只好掛在吊繩下方，好像鉛錘一樣。

更複雜的問題是，移動中的直升機和強勁的風速把「狂人」吹得像個布娃娃，寒冷刺骨的空氣更讓他連擺出優雅姿勢假裝在滑行也幾乎不可能。高空上的雲看起來一點也不像皚皚白雪，因為我們靠得太近，根本看不出來雲的形狀，等到我們就定位之後，一切又已糊成一片。我們花了好幾個月，做了好多修正後才學會如何調整吊繩，並且幫「狂人」製作了一件背帶，好讓他能做出像在滑雪板上的動作。就算如此，這跟我們所想像的還是差很遠，最後拍攝出來的影片令人失望。

我們確實拍到了一些很酷的直升機畫面，背景音樂也

很厲害，但整體呈現的美感和會使人發出「哇」一聲的驚嘆感，還是跟我們想追求的有很大差距。到了這時，我們的資金已經燒完，而且老實說，也想不出什麼點子讓它變得更好。我們只能認輸，做好心理準備，接受影片發布後可能會出現的負評。

但接著，有件事發生了。

影片發布的那天，有幾個記者找上我們，問了幾個關於那支影片的問題。同一天稍晚，以報導流行科技與電子產品為主的網站 Gizmodo 出現了一篇報導我們的文章，標題很引人注意，寫著〈比滑正常雪板還酷的雲中雪板〉。

以這篇文章為起始，後續的效應有如雪崩般發生。先是影音平臺 Dailymotion 出現一篇文章叫做〈看那個人在雲中滑雪板！〉，然後是報導體育賽事的網站 Bleacher Report 也有一篇文章，標題是〈狂人艾德恩・森尼吊在直升機上於雲中滑雪板〉。報導文章接二連三地出現，不斷在網路上炒熱話題，接著，最大的驚喜在隔天早上出現，我接到一通朋友打來的電話。

「提姆，快點打開電視！」

各位看倌，我們的影片《登上雲端滑雪板》，上了晨間新聞節目《早安美國》（*Good Morning America*）！我們企畫過許多觀看數驚人的影片，但登上《早安美國》可是第一次呢。

這次經驗給我們上了最重要的一課，就是：只要能攻

下影片標題，好事就會發生。

3. 注重外觀的吸引力

　　外觀的吸引力跟「弄懂」元素有緊密的關係，但其本質更具策略性。外觀吸引力，指的是觀眾在滑動社群媒體時，對你的整體存在所形成的看法。

　　有太多文章和部落格討論過理想的網路標題應該具備什麼，例如哪些話語的效果最好，要用多少字數，以及是否應該加入數字等。如果你沒有讀過這類文章，可以在網路上搜尋「如何建立理想的影片標題」，花點時間閱讀別人的意見。這些準則當然多少有些幫助，但事實是，它們不過是一些原則或指引，你還是要保有彈性，或隨著情況適時演進。

　　更好的做法，是思考你的標題及其帶來的一切（文字、圖片、影片前幾秒鐘、你想傳達的感覺），把這些看成是一座你想銷售的房子，房子的外觀能給人帶來什麼樣的吸引力。任何房屋仲介或房屋翻新業者，都知道要美化房屋的正面外觀，例如加上一些色彩豐富的園藝景觀，或把大門漆上亮眼的顏色，讓他們的房屋跟競爭對手形成對比，盡快地銷售出去，而不是在市場上好幾個月乏人問津。

　　用同樣的方法來思考你的影片開頭要有哪些元素。你使用的文字就是房屋地點的描述。譬如說，「位於市中心

的珍稀美屋」。你的縮圖就是房屋從外觀看上去給人的印象，從重新漆過的百葉窗、紅色大門，到前院精心整理過的花圃。影片的前三到七秒，就是當你打開大門走進去的那一刻，你一眼看到的開闊空間設計、面對大門的氣派樓梯，或是任何溫暖、誘人、居家感十足的特色。

所有元素組成了房屋的外觀吸引力，相同的道理，你的影片標題所造成的效力，遠超過單單只是一部影片的描述文字而已，這是一種更加具有整合性的做法。

你還需要確定這些元素能完美組合。你不能讓你前門的配色跟庭院的色調互相衝突，或者從前門走進去的印象，應該是個藍色系搭配銀色不鏽鋼家電的風格，但是你的廚房卻粉刷成米白色，配的是白色家電。所有元素都必須相互吻合，才能說出一個扣緊主題、相互連貫的故事。

我們在制定影片標題時，就是採取一種非常有策略性的方法。我們會先純粹思考影片的概念，然後搭配影片其他具有一致性的部分。文字、縮圖、影片前七秒，都要能反映出這部影片的中心元素，並使觀眾產生共鳴，因為觀眾才是決定這部影片的概念是否值得觀看和分享的人。

有時候，這是一個非常直截了當的過程。

舉蜘蛛人影片為例。蜘蛛人彼得・帕克跟「彼得・跑酷」的諧音哏雖然很具新聞性，但是 YouTube 上的影片標題必須更直接、更具策略性才行。這支影片的真實

標題其實是《超驚奇蜘蛛人跑酷影片》。〔我們本來只想單純叫做「蜘蛛人跑酷影片」，但是因為電影片名裡有「驚奇」（Amazing），索尼希望我們用在標題裡。〕影片的縮圖則是一幅蜘蛛人在空中翻滾的停格圖案。影片下方的文字敘述則用驚嘆的口氣寫道：「蜘蛛人要是用完了蜘蛛絲，該如何逃脫險境？答案是：跑酷！」影片開頭的前五秒，是蜘蛛人展現一招完美的魚躍翻滾，翻過一道磚牆。如果你是在瀏覽網路時偶然看到我們的影片，從這個開頭你會馬上知道這是什麼樣的影片。如果你是跑酷迷，那麼這支影片的外觀吸引力就非常強烈，很有可能會吸引你點進來看，尤其如果你對蜘蛛人有興趣的話，應該更是如此。

　　不過，我們在處理其他影片的時候，要更具有煽動性才行。

　　在我們和大地王子合作拍攝那支與公立學校體系議題有關的影片時，這點特別重要。跟學校教育有關的主題經常會讓某個只是上網打發時間的人覺得無聊，因此，為了讓這支影片引人注意，我們需要一個很「跳」的標題。結果是，大地王子自己想出了一個很棒的標題：《我把學校制

26　編注：第一章曾提及這支影片由納斯特石油公司贊助，因此大地王子於二〇一六年九月二十六日與納斯特石油同步於各自的 YouTube 頻道發布；納斯特石油發布的影片標題為《美國人民控告學校制度》，而大地王子在他個人頻道發布時則另下標題《我把學校制度告上法院！》。

度告上法院！》[26]，這樣一個標題，怎能不引人注目！

這句宣言很有煽動性，能激起你的好奇心，吸引你點進去看看何以這個人要採取如此大膽的行動。這句標題所搭配的影片縮圖，是大地王子穿著西裝，像一名律師站在法庭裡；圖片上的文字像是一封煞有介事的法律檔案，寫的是「美國人民控告學校制度」。影片的開頭場景，則是大地王子站在法官面前演說，表達他的論點。這些元素結合在一起，創造出了不起的外觀吸引力，再加上這支非常獨特又引人入迷的影片，讓我們成就了一支網路史上最成功的公益短片。

 ▶《我把學校制度告上法院！》於二〇一六九月二十六日發布於 YouTube 的 Prince Ea 頻道。
網址：https://youtu.be/dqTTojTija8

　　如果你想走「大鳴大放」路線，請記住，煽動人心與說話白目是有很大分別的。舉個例子，「獨臂男人讚揚陌生人的善意」[27]——這句標題很糟糕，所以我一直記得。這句標題無厘頭地玩弄文字遊戲，只會讓人尷尬癌發作，想盡速點掉視窗或是滑走。或許，這支影片是要講一個激動人心的故事，但大部分人看到這個標題，應該都懶得點進去一探究竟。然而，如果有網友真的想花點時間了解情況，他們也會質問到底是誰這麼沒良心貼這種東西，然後離開，結束。

　　訂定標題時，也必須保持務實才行。例如，「如何一天內賺百萬美元」，很好的標題沒錯，如果你能做得到的話。但由於這句話實在太狂，聽起來會讓人懷疑這大概又是某個江湖術士在叫賣某個快速致富的最新計策。如果說，真的有人要推廣一套能讓人賺很多錢的方程式，應該講得更具體些，還要更加地使人信服才行。

　　你已經了解外觀的吸引力由哪些東西構成，現在，要讓這些元素和諧地相互發揮作用。就連我們自己也曾違反過這條規則。回到之前那支雲端滑雪板的影片，我們定下了一個簡單明瞭的標題，就是《登上雲端滑雪板》，也設

27　譯注：原文是「One-Armed Man Applauds the Kindness of Strangers」，其中讚揚（applaud）這個詞的原意是拍手鼓掌。拍手需要雙手，因此如後文作者所說，即便這支影片很可能有想要表現的議題，但 applaud 是一個極為不厚道的選詞。

好一個看起來很酷的縮圖，那是一個運動員站在朵朵白雲的空中滑雪板的圖。這些合起來形成一個主旨非常清晰的故事概念，影片的點擊率也因此迅速飆上高點。

但是，我們做錯的地方就在這裡。

影片開始之後，我們足足花了二十五秒，才讓觀眾看到狂人在空中滑雪板的畫面。在那之前，是他走上山，登上直升機。換句話說，這支影片的開頭跟其他好幾百支雪板影片並無不同，沒有如同標題所點出的，要給觀眾看雲中雪板的畫面。因此，雖然我們用了魄力十足的標題讓網友產生興趣，也成功地達成驚人的擴散率，但觀眾開始觀看影片後，我們卻未立刻拿出標題裡承諾要呈現的東西，使得影片的外觀吸引力打了折扣。這支影片最後雖然還是達成非常好的成績，但我們心裡知道，精采畫面的延遲讓我們在影片的前十到十五秒失去了原本應該可獲得的更多點擊率。

放棄山羊

「放棄山羊」是句俚語，也具有《聖經》上的原意 [28]。

28　譯注：原文是「give up the goat」，這句話原本應該是 give up the ghost，後來被轉為較為委婉的 goat。give up the ghost 是一句出自於十七世紀英文《聖經》譯本的古語，意思是「出盡最後一口鼻息」，也就是死亡的意思，但現在已經沒人使用。give up the goat 在現今則是指某件物品已不再發揮作用。

不過，在分享力公司，我們用這句話來形容另一件事。當我們說要「放棄山羊」的時候，意思是在「影片開頭七秒中就要放進我們最棒的畫面」。

　　這是完全違反直覺的一種想法。傳統的說故事方法都教我們要慢慢醞釀，將故事的高潮留待第二幕的結尾才可以爆出來。在一部電影長片當中，你絕對不會把故事的結局放在片頭，這完全不合常理，觀眾絕對會暴怒。但在網路上的生態完全相反。以網路內容而言，如果你沒有在頭幾秒就先送網友一個大禮，他們就會離開去做下一件事，再也不會打開你的影片看其餘的內容。你必須一見面就「放棄山羊」。在那支雪板影片裡，我們應該在影片一開始就大量放送狂人在空中的畫面，立刻引起網友們的興趣。

　　我們也發現，當我們接觸新客戶時，這個策略基本上一定會遭到他們反對。因為他們已被長久以來的傳統廣告制約，覺得應該按照某種方法來做，不大能適應網路上的節奏。最好的例子，嗯，基本上就是我們製作的每一支以隱藏攝影機拍攝的驚喜影片。我可以打包票，如果客戶和我們是頭一次合作，還不習慣我們的準則與做法，「驚喜畫面放在最前面，一開始就揭露全局」的構想是很難被接受的，一定都會在第一次試片時提出反對。

　　「你不能讓約翰‧西拿在一開始就從海報牆後面跳出來！這是驚喜，應該要等到後面才能出來！」

　　好吧，我得說，如果你不是把驚喜畫面放在最前面，

不會有人有耐心看到最後。

用隱藏攝影機拍攝的驚喜影片，通常會發生這類激烈爭論，因為反對的理由感覺真的很有道理。這種思維根深柢固地深植在我們心裡，以至於我們都自然而然地認為驚喜絕對不能先說出來，就好像講笑話的時候先把笑點講出來一樣，絕對是行不通的。

但是在數位行銷界，完全行得通。

試想，把放在開頭的破哏畫面當成是這支影片的迷你預告，觀眾看了「預告」，就知道等一下的影片要「演」什麼。這等於是快速地給觀眾的一個甜頭，立即振奮起他們的情緒，讓大腦集中精神，預備好觀看接下來的內容。

這種做法在電視實境秀其實很常見，業界將之稱為「精采預告」（Super Tease）。該集節目正式開始之前，大約會播放二到四分鐘長的本集預告，讓觀眾直接看到待會的節目裡會上演什麼灑狗血或陰謀詭計的劇情；有些料理節目把這招發揮到淋漓盡致，把精采預告直接當成他們第一段的節目。還有一些節目運用這個「預告」的概念，做了更大的變型。他們把實際上要花好幾個小時拍攝的過程，加上幕前、幕後花絮和正片預告，製作成該季節目正式開始前的特別節目，就像一個超大型的預告片。

對於網路內容工作者而言，「預告片」的部分通常大約三到十五秒就可以了。這是要引誘觀眾上鉤，吸引他們駐足、繼續觀看接下來的發展。你可以想成這是用影片來

「下標題」。

　　把精采大結局放在影片開頭，聽起來很反常，但那其實像是我們跟觀眾約定，好像在告訴觀眾：「別走開，這支影片值得你花時間看喔。」你向觀眾招手，勸誘他們點開這支影片，但他們看到這支影片足足有三分鐘，可能會在心裡嘟嚷：「我才不想要看這影片三分鐘呢。」然而，把你已經視覺化的敘事大綱放在標題位置——先把精華片段秀出來，就是在告訴觀眾，這支影片絕對值得一看。

　　對驚喜影片來說，做法很簡單，只要先播放最精采的揭曉片段，再回溯到一開始的解說、設局等過程就好。至於其他類型的影片，就比較有挑戰性了。其形式可以是一項主張或一個挑釁的問題，開門見山地直接連到影片的主旨，挑起人的興趣，讓觀眾想靠過來了解更多。

　　換句話說，你就是得放棄你的山羊。

公式 6
搭乘時下的浪潮

　　自拍棒曾經紅極一時，無論是在海灘上、主題樂園、購物中心，這些自戀人士熱愛的延長棍到處可見，而且還有越來越長的趨勢。二〇一五年有很長一段時間，網路上似乎出現了一個非正式的自拍競賽，網友競相貼出一個比一個誇張的自拍照，用的是長度長得不可思議，也長得引起民怨的自拍棒。

　　這些尾端附著手機的自拍棒變成一種當時的社會公害。走在街上，哪裡都能看到一群背著尼龍繩包包的觀光客擺姿勢拍照。他們當中會有一個指揮的頭頭站在中間，手裡拿著長好幾英尺的自拍棒揮來揮去，確保每個人都露

出笑容了，才會按下快門。

　　自拍棒之亂後來演變成難以控制的地步，以至於佛羅里達州的迪士尼世界以安全考量禁止遊客帶自拍棒入園——因為有個遊客的自拍棒被卡在雲霄飛車的車體上，導致該遊樂設施停止運作一小時。遊樂園的經營階層認為，長長的自拍棒會對遊客造成危險，特別是樂園裡有很多玩瘋了的小孩跑來跑去，他們無法留意自拍棒。

　　媒體注意到了，而且特別喜歡捕捉這類消息。以至於好似每天都會發生一件自拍棒傷人或是企業禁止自拍棒的新聞。網路上湧現一大堆由自拍棒衍生的迷因和笑話，使它成為一個流行話題。

　　那段期間，必勝客披薩找上我們製作影片，宣傳他們新的兩英尺長（六十公左右）披薩。我們不只從品牌簡報（亦即公司想從廣告案中達成什麼目標的敘述），也從網路上找靈感，沒花多久時間就有了很棒的構想——若能拍一支跟自拍棒有關又娛樂性十足的影片，鐵定會被各大部落格和網路媒體報導，也一定會有很多人分享。

　　這就是我們所稱的「搭乘時下的浪潮」。當你搭乘時下熱門話題的浪潮，你可以搭著便車享受原本就有的巨大聲量，加上你自己的創意，更重要的是，為這個話題注入新價值。

　　可分享性和突破網路雜音的一個基本原則，就是去搭上一個原本就有熱度的話題，這會比自己從零開始創造簡

單得多。讓自己的品牌搭著流行話題的便車，可以是獲得大量關注的有效方法之一，但要小心，這也會有弄巧成拙的可能，因此必須精心規劃你的策略。

　　前述必勝客披薩的案子，我們決定製作一支在當前抵制自拍棒熱潮當中，與正當輿論反其道而行的影片。我們很清楚在這股熱潮中，用正常手段推出的影片必定會給我們帶來分享率，但這樣的話，我們要如何為這場對話注入價值呢？我們必須提出一些流行文化的論點，提供一個不同的角度。

　　我們到底是喜歡，還是討厭自拍棒？自拍棒到底是一種好玩的東西，還是社會公害？

　　思考一下社會大眾會如何看待各種論點。如果有人喜歡使用自拍棒，但是某個品牌拍了一支影片嘲笑自拍棒，恐怕會讓他想馬上反擊，結果可能演變成氣憤的自拍軍團群起留言謾罵、攻擊這支影片。

　　另一方面，如果你討厭自拍棒，但有個品牌出來大聲說自拍棒有多麼好玩，你會怎麼想呢？你一定會對這個品牌心生厭惡，痛罵他們只知道追隨流行，不顧他人痛苦。

　　這就是搭乘流行浪潮的危險，你有可能會翻車，害到自己。浪潮越猛烈，就會跌得越慘。你必須尋找一個完美的平衡點。

　　我們進行了一個快速的發想過程討論各式想法，拍假紀錄片、有腳本的搞笑喜劇，什麼都試過一輪，就是為了

找到最合適的平衡點。我們甚至討論到要模仿電視新聞拍一部無家可歸的人使用自拍棒的報導短片，來表達這個流行的力量是如此無遠弗屆。俗話說，腦力激盪的時候絕對沒有爛點子，但這麼說吧，我們很快地意識到這個點子實在太不著邊際了。

後來，我們終於找到一個理想的平衡點，決定不要把焦點放在人們到底是喜歡還是討厭自拍棒，而是著眼於自拍棒背後的主題，那就是「自拍照」。我們想，如果必勝客站出來說他們喜歡自拍照的話，那一定是百分之百安全的。而對於一個喜歡自拍的人而言，一定不難理解，自拍棒有可能是個神奇好物，但也有可能對他人是種危險。我們喜歡自拍，也喜歡自拍棒，但如果人們把自拍棒做得越來越長，就會危害到他人安全。結果，我們可能會被禁止使用自拍棒，這樣的話，我們所熱愛的自拍就有危險了。

我們覺得這個立場的設定是一種好笑的循環論證，兩邊都不得罪，而且它能自然而然地形成一種特定的表現方式，我們讓這支影片模仿公眾場所的注意事項公告，用一種令人發噱的方式表現濫用自拍棒的危險。我們找來一位看起來慈祥和藹的女演員飾演擔憂的母親，站在一間掛滿自拍照的藝廊裡，一邊敘述自拍文化是如何讓人們展現他們的光彩亮眼，一邊解釋為什麼自拍棒會給這些浮誇的「大藝術家們」帶來威脅。

　　影片呈現出人們使用自拍棒的各種荒謬景象，例如有人站在廁所隔間裡伸出一支自拍棒，或是人們舉著自拍棒，用困窘的姿勢進出電梯（結果撞到）；還有一個正在舉重的人從槓鈴的角度自拍，就是想找到最厲害的角度，炫耀自己的二頭肌。

　　我自己最喜歡的一幕，是一群人開著福斯敞篷金龜車，車子裡伸出好多根十英尺長的自拍棒，他們從一個安靜社區呼嘯而過的時候，把小女孩正在賣的檸檬水攤子給整個捲倒了。

　　在一切瘋狂景象當中，一名必勝客的外送員來到鏡頭前憂心忡忡地說，自拍能容納的人越多，派對就會越盛大，這樣，他們就需要製作越來越大的披薩了。「這最好要貼到 Instagram 上」，他還丟下這一句話。

　　直到片尾最後一個鏡頭，必勝客的標誌才出現，這個委婉的訊息是觀眾唯一能領悟到原來這是一支品牌贊助影片的線索。這純粹是一支娛樂性質的影片，硬性推銷的成分為零。就連結尾都玩弄了一個帶有幽默意味的警語。品牌標誌出現以後，擔任旁白的媽媽用沉著的口吻說：「必勝客聲援那些濫用自拍棒而受傷的人。敬請理性自拍。」[29]

29　譯注：這裡是引用酒類廣告或宣導不要酒駕的警語，原句是：「理性飲酒」。

　　這支影片不愧是支爆紅潛力股，不僅立刻衝上
YouTube 發燒排行榜，成為當月全球分享數最高的廣告，
還為我們帶來上百篇文章和媒體報導。沒錯，這是一支好
笑的影片，但它之所以能成功引發迴響，是因為我們找到
讓支持自拍棒的正反兩方都能發出會心一笑的角度，而且
還為這段對話添加新意。

選擇你要衝的浪頭

　　我住在加州的曼哈頓海灘市（Manhattan Beach），
過幾條街道就能走到海邊。我喜歡在落日時分走到沙灘
上，坐下來，看著長長的海浪翻滾捲動。這附近有幾個
衝浪點，我經常看著衝浪客朝著太平洋游去。我注意到
這些衝浪客對於海況的分析和要選擇哪一道浪頭，有幾
種不同的方法。

　　心急的衝浪客會直接下水，滑出去，不管三七二十
一，先抓到他們遇到的第一道浪再說。比較有耐心的
人，會先坐在浪花裡評估海浪打來的頻率和模式，等待
他們能遇到的最大一道浪。還有一些人，他們是站在沙
灘上研究海浪，再來決定他們是否真的要進入水裡衝
浪。更有這一種人，他們是坐在家裡等衝浪夥伴傳簡訊
來，但海浪是稍縱即逝的。

　　在網路的世界裡，挑選要乘坐哪一道浪，跟衝浪者

在海灘上做的選擇很類似。你可以自己主動做研究，也可以讓其他人幫你。我們在分享力公司會使用一種非常成熟的社群聆聽工具，來檢視並記錄網路上最夯的話題。這些工具會去臉書、推特和 Instagram 等各大社群平臺進行掃描，挑出經常被人使用的單字、句子或詞組。如果說，聆聽工具發現某個詞語或某句話的使用情況有突然上升的情況，就會發出警示，讓我們的社群情報團隊做進一步分析。這類工具非常有效，但也非常昂貴。如果你沒有這類資源可使用，還是可以找得到應變的方法來辨識數位世界的流行趨勢，讓自己趕得上潮流。

在美國，最能跟得上潮流，也最容易監督網路大小事的平臺，是推特。要乘著浪頭衝刺，最有效的就是它。

雖然很多人批評推特充斥著網路機器人和網路蟑螂，但推特也是最能掌握網路話題脈動的地方。要想掌握最新、最快的流行文化、突發新聞、名人八卦，或是突然有哪些最新的爆紅影片在網路上流竄，推特是這些事物的匯集地。

推特上的熱門話題通常都會被人放上「#」符號做成標籤。這些標籤很好搜尋，不過標籤的問題在於，除非涵蓋範圍非常廣，否則同一時間可能會有好幾千則活躍的標籤。另一個在推特上找熱門話題更好的方式是使用「新聞」（moments）[30] 的分頁。點選「新聞」就可以看到人們現在都在推特上聊什麼。其中大部分都是新聞相關

內容，不過推特也會擷取只有網路才有的話題，所以看起來並不會跟你在電視新聞上看到的一模一樣。

我們有時候也會利用推特來散布內容，不過我們主要還是把它拿來當成社群聆聽的工具。如果要利用平臺與你的顧客溝通，你必須花時間好好經營實在的、一對一的對話。對品牌來說，這是跟顧客進行交談的絕佳契機，有些品牌在這方面真的做得很好。不過這並不是分享力公司典型會提供的服務，主要是因為大部分客戶都已經有他們自己的內部「小編」負責經營社群媒體了。對我們來說，推特比較像是一個尋找靈感的來源，讓我們隨時注意最新潮流的地方。

如果說推特像是網路的心臟，每分每秒都在跳動，則 Reddit 就像網路的神經系統，我們將之稱為「網路誕生之處」。如果說有什麼話題、事物逐漸升溫，像水快沸騰時冒到表面的泡泡，則十有八九，都是從 Reddit 起的頭。

Reddit 運作的模式很像是一個大型的電子布告欄。Reddit 聚集了大量社群新聞內容，還有評分系統，讓網友給網路內容進行評分，並在上面討論該項內容。貼文會按照不同主題分類至各大分類看板，這些副板叫做

30　譯注：推特上的「新聞」原文是為 moments，原意比較接近當下發展、最新要聞。

「subreddit」，網友可以按照自己的興趣縮小搜尋範圍。副板所涵蓋的主題無窮無盡，從電影、音樂、食物、動物等一般性的，到超級小眾、非常專門的主題，例如專門討論某個名人的鼻子的網路迷因。

　　Reddit 也很好上手。任何人都能免費註冊帳戶成為一個「redditor」[31] 用戶，然後就可以上傳內容到站上。首頁上方可以找到幾個預設好的分頁項目，包括「熱門」、「最新」、「爭議」、「新興」，網友可以直接選取。其他分頁則可按照國別和州別選擇分類更細的地理區域。

　　聽起來很好玩，不過我們先暫停一下，暫且先戴上你行銷人的眼鏡。這個平臺，基本上就是讓使用者自行發表評論和意見的地方，每則貼文都會收到來自活躍使用者所給的，用來表示「讚」（upvote）或「噓」（downvote）的評分。你能否想像一個品牌在這樣一個鄉民聚集的地方，硬擠他們自己的廣告進去呢？一定瞬間就被封鎖了。

　　這就是為什麼人們說 Reddit 是不可能被攻破的。不過，這只是一種迷思。會這樣想，是因為你把「行銷」看成一種強迫手段，一定要「破解」或「攻占」某個系統才行。如果你是這樣想，表示你前面都沒在聽。

31　譯注：Reddit 這個站名諧音「I read it」，就是「我讀過了」的意思。至於「redditor」，則「編輯」（editor）諧音，意思是每一個使用者都可以是一個編輯者。

　　Reddit 跟網路上任何東西一樣，你想讓它為你所用，就必須提供它所需要的東西。舉例來說，我們所拍攝的約翰・西拿影片，當中運用的網路迷因哏「不請自來的約翰・西拿」，就是起源自 Reddit 的某則貼文。

　　這不只是你搭上正確浪頭的最好證明，其他還在水裡的衝浪客也會感謝你走出了這條路，為他們示範你是怎麼成功地乘著浪頭衝刺。

　　如果說 Reddit 是反應敏銳的神經系統，那麼 BuzzFeed 則是一顆正在閱讀八卦雜誌的大腦。BuzzFeed 可以算是一家網路媒體，專門報導流行話題[32]，有點像網路世界的傳統新聞報紙。當然啦，經常報導明星或娛樂圈動態的《時人》雜誌（People）和正經嚴肅的《華盛頓郵報》（Washington Post）還是有差距的。總之，我們還是把 BuzzFeed 看成是一家媒體。

　　替 BuzzFeed 進行報導、製作貼文和影片的寫手，經常從人們茶餘飯後的閒聊話題來取材。這個網站一開始主要是報導爆紅內容，現在他們關注的範圍已經非常廣泛，就跟一般傳統新聞一樣。事實上，他們有些點閱率最佳的影片都是很具人文意識的報導，例如有機農業或復育珊瑚礁等。雖然有人說 BuzzFeed 比較像是話題製造機，但以我們

32　譯注：BuzzFeed 沒有中文版，buzz 是蜜蜂嗡嗡叫的聲音，這家媒體的名字意味著它報導的都是人們在談論的熱門話題。

的觀點來看，等到一則報導登上 BuzzFeed 以後再去抓住這股浪潮，通常已經太晚了。除非你還有極為與眾不同的東西想中途加入，不然，登上 BuzzFeed 就表示這部潮流的火車早已離站，不需要再費勁去追逐它了。

抓住浪頭

找到正確的浪頭之後，你要怎麼衝刺這道浪？首要的關鍵元素是「速度」。你剛才坐在沙灘上，仔細追蹤浪頭達到完美的隆起，當它終於來到時，是不會停下來等你的，動作要快！雖然網路上的浪潮不會像曼哈頓海灘上的海浪瞬間即逝，但你必須在浪潮達到頂峰之前就抓住它。這些浪潮的賞味期限很短。如果你身為某個品牌或網路名人，卻沒有迅速採取動作，你就會面臨網路好感度迅速殞落的風險，讓人感覺是不是有一團多人委員會在替你做決定，不然你做事為何總是躊躇不前？

我們以最快的速度決定要去抓住一道浪頭，大概是二〇一四年的時候。那起自於我們看到一個來自賓州威克斯巴爾市（Wilkes-Barre）、矮矮胖胖的圓臉紅髮男孩諾亞‧瑞特（Noah Ritter）。這個小男孩以一種在網路上才會看到的速度，一夜之間成為網路紅人。當時，地方新聞臺記者來到偉恩鎮市集園遊會（Wayne County Fair）採訪來參加的孩童，詢問他們剛才坐遊樂器材的感想。記者把麥克

風遞到諾亞面前時，這個小男孩毫無疑問地搶走了全場的風采。

記者問他：「你喜歡剛才的遊樂器材嗎？」

「太好玩了！顯然，我從來沒有上過現場節目。不過，顯然因為我是小孩，有時候我不看新聞，顯然每次爺爺把遙控器給我，我都要轉去看威力球樂透開獎。」

這是一段不折不扣的意識流式的演講，但又極其可愛，完全打破了觀眾和鏡頭前人物的隔閡；他每講幾個字就會冒出口頭禪「顯然」，實在是一段妙極了的表現。

接著，諾亞自己拿過麥克風，開始到處遊走，就像個專業主持人一樣對遊樂器材進行詳細介紹，像個青少年濫用「就像」（like）一樣，沒講幾個字就會冒出「顯然」的口頭禪。

網路世界馬上為之沸騰，並把他封為「顯然小子」（Apparently Kid）。這支影片在網路上非常轟動，獲得超過三千萬次觀看。

那時，我們正與 Freshpet 寵物食品進行第一支影片的合作案，當我們看到小男孩諾亞橫掃網路世界的影片時，所有人都為之入迷。靈光就是在這時閃現，為什麼我們不把「顯然小子」找來，把他和可愛的狗狗搭配在一起呢？這感覺會紅！

我們向客戶提案，他們很快地欣然同意。太好了，安全過關。接下來就要讓這個構想成真了。

▶《顯然小子的第一支電視廣告》（*Apparently Kid's First Ever TV Commercial*）由 Freshpet 於二〇一四年九月十二日發布於 YouTube。

　　一般人可能不會知道這種事，當一個像諾亞一樣的平凡人突然爆紅時，他們的生活會立刻變得像一場颶風來襲。會有無數人打電話到他家，或是寫推特、電子郵件去找他，那些人有可能是記者、企業品牌，或者只是喜歡他的粉絲而已。這種事會令人招架不住。以諾亞的情況來說，還好他有個平靜的颶風之眼，就是他的爺爺傑克。傑克是諾亞最好的朋友和守護者。諾亞爆紅之後，一切媒體訪問和品牌合作都由傑克負責過濾和安排。由於外部的邀約實在來得太快太猛，傑克乾脆關掉他的電話。

　　現在，客戶已經同意我們製作這支會大紅的影片，但

我們卻無法聯絡上男主角，而時間正滴答滴答地流失。如果我們不盡快端出個什麼東西到市場上，那麼網路就要繼續往前去發掘下一個爆紅的小可愛了。

好在分享力的合夥人尼克‧瑞德曾經當過經紀人，擁有堅忍不拔的毅力。尼克花了兩天時間不眠不休地追蹤傑克的下落，終於聯絡上。當傑克發現尼克過去也曾當過職業軍人時，我們順利地雀屏中選！傑克答應我們推掉其他還在考慮中的邀約。

整個時程安排簡直是瘋狂。我們談定的那天是星期四下午，諾亞已安排好在下一個星期四要去上知名脫口秀主持人艾倫‧狄珍妮（Ellen DeGeneres）的節目。通常，我們進行一個案子，須花四到八個星期來產出最終成品。但這一次，我們要趕緊寫腳本，交給客戶 Freshpet 核准，讓諾亞飛到洛杉磯拍攝，然後進行剪片後製，這些全部要趕在一個星期內完成。

我們要搭乘諾亞的人氣便車，腳本預計呈現諾亞第一次出現在市集園遊會的人物設定。我們也決定讓諾亞表現他的本色，因為我們知道好東西通常都不是靠著腳本演出來的。

諾亞一開頭就這麼說：「今天，我們要來聊聊寵物。顯然，這是我第一支電視廣告。」然後，他接著用他可愛的獨特斷句方式，描述他跟兩隻名叫巴尼和艾德的狗的友誼。在他講到寵物食品時，兩隻狗狗攀上去舔他的臉。「那

些食物他都不喜歡，而且讓他一天到晚放臭屁。」

諾亞繼續用他古怪又童趣十足的韻律，講述大家應該要訓練他們的狗，教他們玩撿球的遊戲。然後，他端出一大盤狗食給其中一隻狗。「顯然，Freshpet 的寵物食品是最好的，比其他狗食都還好，他每天從早到晚都想吃。」他繼續做出好笑的舉動，前後不搭的童言童語更是不停放送。當其中一隻狗埋頭狼吞虎嚥地大吃時，諾亞說：「顯然，這是盤好吃的食物！」

我們快馬加鞭地拍攝、剪輯好影片，剛好趕上諾亞上《艾倫秀》播出的時間。為了讓這波浪潮善盡其用，我們在《艾倫秀》播出的隔天早上發布這支 Freshpet 影片，果然，影片衝上 YouTube 全球排行第二名。

正如諾亞會說的，顯然，我們搭乘這波浪潮的時機，掌握得恰恰好。

此外，你也可以預期季節性節日的浪潮。每年十二月，全世界都會籠罩在一股節慶氣息濃厚的廣告攻勢之下，整年也有不少沒那麼盛大的特定節日，像是愚人節、國際海盜模仿日、全國漢堡日等。如果你能完美掌握流行文化語言的時機，每個像這樣的節日都可以是為你所用的浪潮。

二〇一六年，「照片亂入」還是很流行的話題，每個人都在背景亂入別人的照片。當時，我們針對母親節設計了一波以照片亂入為主題的廣告案。我們把「媽咪」和「亂

入」這兩個看來毫無相干的東西相結合，設計出《媽咪亂
入》的企畫。

我們的概念是，媽咪都想用他們的方式參與孩子的生
活，而現在的孩子們都著迷於他們的手機，隨時都想用手
機拍照，因此，媽咪乾脆亂入小孩的每一張自拍照。

媽咪亂入：因為媽咪很神

我們向一家很適合這個概念的潛在客戶做了簡報，但
他們沒有賞光。我們找了第二家，又找了另一家，卻都沒
人接受。我們不了解是哪裡出了錯。我們很清楚這個概念
一定會擊出安打，但似乎沒人能理解。直到一家彼此才剛
開始接觸的小型電信公司朝我們招手。這家電信公司就是
Cricket 無線網路，這個廣告案開啟了我們日後延續好幾年
的合作。

這是一支向媽咪致敬的影片，但我們用富有娛樂和趣
味的方式來表現，不只青少年會喜歡，更重要的是，他們
會分享。影片是以一群媽咪決定開始集體進行一項任務為
起頭。其中一位媽媽對著鏡頭說：「小兔崽子，你以為是誰
在替你付上網吃到飽的帳單？」從這裡，媽咪軍團開始行
動了。「所以，我要亂入他們的每一張自拍照。」這群媽
咪用「媽咪亂入」參與了小孩的足球賽和派對之後，她們
聚集起來，集體發出聲明：「母親節要到了，跟媽媽講講話

吧，看在 Cricket 的份上！」[33]

這支影片不僅成功擊中母親，也擊中孩子的心弦，很快地達到超過一千萬次觀看數，並將 Cricket 的臉書頁面互動率在一個月內，提高了十分之一以上。

不要假裝你很懂

衝浪界特別看不慣一種自以為技術很厲害的衝浪菜鳥，這種人通常缺乏海上禮儀，他們的行為會干擾其他衝浪客，剝奪其他人衝浪的樂趣。換句話說，這種不懂裝懂的「海上小白」，人人都不喜歡。

在社群媒體上，不少品牌很不巧地就扮演了這種假掰角色，他們想搭乘流行文化的便車，卻沒有事先做過詳細的全盤考量。這類情形會發生，大部分是因為品牌想搭上某某運動的風潮，以表現出他們很關心社會議題的企業形象，但其行為舉止卻不幸地透露出他們並非真心重視該項議題。簡單來說，你想乘著浪頭衝刺，就得出自真心誠意，不然你就會被抓包。

結果會變成，網路海洋的岸邊堆滿了失敗的公關殘骸。二〇一八年，幾個品牌都摩拳擦掌，想趁機運用國際

33　譯注：這裡玩的是諧音哏，「看在 Cricket 的份上」（for Cricket's sake）應該是「看在老天的份上」（for Christ's sake）。

婦女節大做公關。那陣子，網路上要是有任何人站出來發表什麼言論，都會遭到特別嚴格的檢視，因為那段期間是反性侵和性騷擾的 MeToo 運動達到巔峰的時候，許多女性勇敢地挺身說出她們過去遭到性騷擾、不當打壓或在男性同僚之間被貶低的故事。許多大型品牌都急切地想站出來，在屬於女性的節日這天來聲援女性。這個舉動如果是發自真心，可以說是一段佳話，但是，有幾個品牌卻在這裡栽了跟頭，而且還是個離譜的大跟頭。

　　其中，有麥當勞的身影。這家速食連鎖餐廳決定在他們加州林伍德市（Lynwood）的分店，將麥當勞標誌性的金色 M 字招牌顛倒過來，變成一個象徵女性的「W」字母，來紀念國際婦女節。麥當勞還在幾百家餐廳裡，將員工制服和食品包裝上的「M」字倒過來。為了讓大眾注意這次活動，麥當勞在社群媒體上公開宣布：「今天，我們將金色 M 字倒過來，頌揚那些選擇麥當勞來開創她們生涯篇章的女性，就像威廉斯家族[34]一樣。我們很榮幸地宣布，在美國，十家餐廳中有六家的餐廳經理都是女性。」

　　這些聽起來很美好，但麻煩在於，麥當勞這份宣告並不完全是實在話。結果，這場公關活動的後座力來得又快又猛，批評家跳出來說麥當勞的企業政策和作為，實際上

34　譯注：威廉斯家族是指派翠西亞・威廉斯（Patricia Williams）和她兩個女兒，她們都是黑人女性。威廉斯家族在加州經營麥當勞，整個洛杉磯地區擁有十三家分店，曾榮獲黑人企業家的榮譽表彰。

根本是壓迫女性員工的最大元凶。來由在於，麥當勞長久以來一直抵制提高基本薪資，這一點對於女性的影響大過於男性。

麥當勞遭到網友在推特上猛烈抨擊。有推文寫道：「很高興看到麥當勞終於終結性別歧視，把他們的標誌改成代表女性的『W』。」另一篇寫道：「如果麥當勞在二〇一八年婦女節這天用『W』來慶祝，那是說其他天恢復成『M』是要頌揚男性嗎？」民主聯盟執行總監納森・勒納爾（Nathan Lerner）更在推文上直接點名：「麥當勞，不要那麼吝嗇，與其花那麼一點公關小錢，只是把『M』改成『W』，不如真的做一點事，付你們員工可以生活得下去的薪資如何？」

沒料到，麥當勞竟然花了好幾天時間捍衛他們的立場。一名發言人試圖澄清，但他的說法卻是把責任推到加盟主身上，指出他們有百分之九十以上的餐廳是由加盟主獨立擁有和經營，那些餐廳的政策、薪資和福利都是加盟主決定的。

一切紛擾並沒能在這裡完結。抗議麥當勞的聲浪尚未停歇，竟繼續導致一波在職場聲援女性的新運動出現。英國一個行動團體「動力」（Momentum）發布了一支影片，指出麥當勞付的低薪資和不保證最低工時的零時契約[35]，導致某些女性員工面臨貧窮和甚至無家可歸的窘境。

如果麥當勞一開始能用比較誠信的態度，他們搭個婦女節的便車，多少還能從中受益。舉例來說，如果他們借此機會在婦女節這天宣布，把「M」字倒過來變成「W」，是為了提倡全球各地麥當勞一起推動薪資平等的運動，或者致力於拔擢更多女性員工進入領導階層，則大眾對此至少會表示歡迎，而不是一面倒的罵聲和諷刺。然而，麥當勞太急於抓住這波浪潮，他們拿出來想傳播的訊息卻非真實可靠，導致這樣負面的後果，還得花更多心力收拾殘局 [36]。

馬來西亞的肯德基炸雞也做了一些「事情」想搭婦女運動的浪潮。他們把品牌吉祥物桑德斯上校的肖像改成克勞蒂亞・桑德斯（Claudia Sanders，肯德基創辦人的第二任妻子）的畫像。肯德基的行銷公司發言人表示，肯德基想慶祝婦女節，所以他們找到了克勞蒂亞長久以來一直在背後支持桑德斯上校的故事。

極其不幸的是，他們沒再深入研究這個故事。現在的網路其實很好用，網友迅速幫沒做好功課的行銷公司找出了故事的完整版。原來，桑德斯上校的女兒瑪格列

35　譯注：零時契約（zero-hour contract）並不保證最低工時，意思是說員工就算簽了這份契約，也不一定保證有班可上，也就不一定會有收入。

36　資料來源：Natasha Bach, "Why McDonald's International Women's Day Celebration Isn't Going as Planned," Fortune.com, March 8, 2018. http://fortune.com/2018/03/08/mcdonalds-international-womens-day-inverted-arches-backlash/

特（Margaret）寫過一本回憶錄，其中詳細指出，克勞蒂亞是桑德斯上校第一任妻子僱來幫忙家務的幫手，其職責還兼「滿足他的性慾，這需要一位健康、樂意的伴侶才能達成」[37]。噢，天老爺。

剛才講了虛偽不實和懶惰不做功課的案例，現在，把時間往前撥一點，來看看什麼叫做如假包換的白痴。近年來，搭便車搭得最糟糕的案例，應該要算迪喬諾冷凍披薩公司（Di-Giorno）了。二〇一四年，推特上曾經興起過一陣「為何我留下」（#WhyIStayed）的標籤，這是紀念家暴受害者的運動，主要是當時曾有家暴受害者出來訴說他們的苦衷，說明為什麼他們選擇留下。結果，迪喬諾公司竟然對此推文說：「是為了披薩留下。」[38] 請問這是大腦壞掉了嗎？

不管你做什麼，不要不懂裝懂。

---

37 資料來源：Erin DeJesus. "Food Brands Celebrate International Women's Day in All the Wrong Ways," Eater.com, March 8, 2018. https://eater.com/2018/3/8/17096872/food-brands-celebrate-international-womens-day-in-all-the-wrong-ways
38 資料來源：David Griner, "DiGiorno Is Really, Really Sorry About Its Tweet Accidentally Making Light of Domestic Violence," Adweek.com, September 9, 2014. https://adweek.com/creativity/digiorno-really-really-sorry-about-its-tweet-accidental-ly-making-light-domestic-violence-159998/

雙腳駕著板頭衝浪

當你衝浪時,將雙腳站在衝浪板前端,十根腳趾頭朝前緊貼著板子,用雙腳的力量在浪頭上前進——這是一個非常困難的衝浪技巧。這裡用這個比喻,指的是當你乘風破浪前進時,要有自己的風格。你要為你的故事增添色彩、錦上添花。你要用你自己獨特的聲音來增添價值。

「Fuck Jerry」是一個 Instagram 帳號,它是網路上規模最龐大的網路迷因集散地之一。迷因哏在網路上變得越來越熱烈的時候,有個很有創意的傢伙叫做艾略特·特貝爾(Elliot Tebele),他想到一個很簡單的主意讓他可以搭上這股浪潮,並且還加上了自己的創意。二〇一三年,他在輕部落格社群網站 Tumblr 推出自己的網站,裡面收集了網友在不同平臺上創作、分享的迷因哏圖。他以非主流文化為靈感,給自己的站臺取了一個尖酸味和前衛感十足的名字「賽恩菲爾德」(Seinfeld)[39]。很快地,他的站臺成了網路迷因的集散地,人們喜歡去那裡尋找令人捧腹的惡趣味。

39　譯注:「賽恩菲爾德」的典故出自於九〇年代播出的同名經典情境喜劇影集。這齣影集是由喜劇演員傑瑞·賽恩菲爾德(Jerry Seinfeld)發想創作並主演,戲中他就叫做傑瑞·賽恩菲爾德,主要描述一群紐約客的生活。這齣影集非常受歡迎,被視為帶動非主流文化的潮流。在臺灣上映時劇名叫做《歡樂單身派對》。

雖然，我們可以爭辯這個網站上的精華都是從別的地方收集，再由站主重新包裝，但他確實有獨到的眼光，使得這裡大受網友歡迎。艾略特的網站大獲成功以後，他自己獨創的東西也越來越多。艾略特搭上網路迷因哏的風潮，用自己獨特的方式乘風破浪，現在，他成立了自己的媒體，粉絲高達一千三百萬人，從中賺得的獲利驚人。他甚至販售成人的派對遊戲「你為什麼迷因？」（What do you meme?），也成立了自己的顧問公司和製作公司 Jerry's World，不僅販賣 T 恤和各式周邊商品，甚至還開發自有品牌的龍舌蘭酒。

乘著浪頭衝刺的底線在哪裡？

總結來說，若你嘗試對世人推出你的訊息，但沒有搭上任何浪潮，你成功的機率是兩百萬分之一。然而，如果你搭上了浪潮，你的東西又是真心實意，那麼成功機率就會立刻上看兩千分之一。搭上時下的浪潮，能大幅扭轉你的競爭位置。關鍵在於你如何將你的東西結合熱門話題，讓人們更願意點閱並與你的內容互動，而不是把你看成純粹玩弄機會主義而加以抵制。如果執行得好，這會是一個有效的方法，幫助你打入過去沒有接觸過的新客群。

要是每個人都在乘著浪頭衝刺，也都做得很好，怎麼辦？要是這道浪頭看起來可以輕鬆駕馭，每個人似乎都做

得很好，都抓住了浪頭、真心實意，又都給觀眾帶來了價值，怎麼辦？要是所有人都做同樣的事，使得你的東西無法被人注意到，怎麼辦？

　　別慌張，還有別條路可走，我們下一章會談到。

公式 7
逆向操作

　　這個公式與「搭乘時下的浪潮」是對比的概念，我們稱為「逆向操作」，意思是與一般的標準做法反其道而行。也就是說，要採取異想天開、創新大膽的行動，把流行話題或眾人公認的想法扭轉成完全相反的方向。

　　當個反骨小子還挺有趣的。在一片沉悶無味，大家看起來都差不多的主流風景當中，要是有人玩了天外飛來一筆的一招，誰會不喜歡？網路世界就愛這種事，但前提是這必須是聰明的一招，而且要以某種方式帶來價值。如果執行得具有幽默感，就更好了。

　　從早期的廣告時代以來，聰明的品牌已經時常在逆向

操作了。以福斯汽車在一九五九年替金龜車做的一幅平面廣告為例：在戰後時期，美國人對「肌肉車」[40] 還是非常著迷，而且認為「越大越好」；而金龜車的廣告畫面極為簡潔，僅僅一個斗大的標題，寫著兩個英文字「Think Small」，鼓吹人們想想「小才是美」，廣告的一角放了一張小小的車子照片。這幅廣告就是「逆向操作」的成功案例，《廣告時代》將之選為二十世紀百大最佳廣告之一。

　　或者，想一想美式足球超級盃，這場超級比賽轉播期間的廣告可是兵家必爭之地，你得擲重金才能買到這個眾品牌都夢寐以求的時段。這個時段的典型廣告經常非常誇張，過度精緻，不只是為了引起觀眾和消費者的注意，還為了引起媒體和網路的話題熱度。就連今天，超級盃轉播期間的廣告通常會在比賽開打前一星期就先行發布，以避免自家廣告淹沒在其他更熱門的話題中。即便如此，那些精采廣告仍舊會不斷被人們討論、報導，在新聞節目中一再播放，並在網路上得到分享和留言。對許多觀眾來說，收看超級盃大部分的樂趣是在看那些創意十足的廣告和精采華麗的中場秀，比賽結果反倒沒那麼多人關心。這種種因素把超級盃變成一個完美場域，讓你可以從事逆向操作、反轉趨勢，以及，當別人都努力虛張聲勢的時候，你

40　譯注：「肌肉車」（muscle car），意思就是指那些龐大、威武又耗油的車子。

不如走小而美的路線。

極簡主義的超級盃廣告很容易抓住人們的注意力，而且因為它們太與眾不同了，所以效果都非常好。一九九八年，聯邦快遞公司推出了一支逆勢操作的廣告。這支三十秒長的廣告只播出一幅彩色條紋訊號的畫面，也就是電視節目播完以後你會看到的頻道預設畫面。然後，這個「讓你注意到什麼都沒有」的畫面播了十秒鐘之後，畫面上出現一道訊息，寫著：「下一次，絕對要、一定要隔夜送達時，請選聯邦快遞。」簡直是天才！正因為其他廣告都太吵太鬧，與之完全相反的東西才顯得獨樹一格，一幅靜止畫面，再加上一行直截了當地表達品牌訊息的文字。

近期最好笑的的例子，當屬老密爾瓦基啤酒（Old Milwaukee Beer）找來喜劇演員威爾・法洛（Will Ferrell）演出的超級盃廣告。找名人來代言，確實能搏取注意力，但這招在超級盃廣告已算是稀鬆平常，找個喜劇演員來應該沒什麼大不了。但這支廣告最聰明的地方，是品牌下廣告的地點，就是因為這一點，才帶動了整個超級盃星期天 [41] 的話題。

眾所周知，超級盃是全美收視觀眾最多的節目，廣告效益據信是最高的。每年媒體都會熱烈報導賽間的三十秒

41　譯注：超級盃一定是在星期日的時間開打，所以超級盃比賽的那天又叫做「超級盃星期天」。

廣告要花多麼驚人的預算才能買到，以目前來說，價位是五百萬美元，而且還在不斷上漲中。無論如何，老密爾瓦基啤酒在地方電視臺買了超級盃的廣告時段，竟然「只」在內布拉斯加州北普拉特市（North Platte）的地方臺播出，那裡的人口只有兩萬三千人。

在超級盃買廣告向來就是想攻占全國的收視市場，老密爾瓦基卻選在一個小城鎮播出廣告，這個做法不僅與向來的慣例不符，其廣告本身拍得也很樸實，一點也沒有炫目之處。在滿滿及腰野草的田野中，威爾・法洛穿著 T 恤、短褲慢慢地往鏡頭的方向走來，背景播放著嚴肅的交響樂曲。當他走近鏡頭，有人從畫面外丟了一罐啤酒給他。他用手接住，拉開拉環，啤酒的泡沫噴出。正當他開口說出銷售臺詞「老密爾……」，才講到一半就被卡掉，廣告結束。

毫不意外，這支廣告的「小」很快變成隔天網路論壇的主要話題。有些住在北普拉特市的人用手機錄下了這支廣告，貼到網路上。接著，終於有人發現這支廣告沒有在其他地方播出，影片便以野火般的速度蔓延開來。在超級盃及其周邊商業活動形成一種行之有年的固定形式之後，人們反而喜歡那些跟超級盃唱反調的東西，又因為老密爾瓦基啤酒假裝他們不想讓多數人看到這支廣告，網友反而更想看。你覺得那些錄下廣告並貼上網路的人，跟這支廣告背後的行銷企畫當真毫無任何形式的關聯嗎？如果這支

廣告案是由我們公司操作，我想我們會先去確保這一點。

　　雖然你應該不太可能會去操作一支超級盃廣告，就算只是在地方電視臺上播出。不過，從這當中還是能學到寶貴的一課。大型品牌看似有花不完的預算能力，但在全年度最吵鬧、最擁擠的一天，原本應該推出最盛大的作品，卻選擇逆勢操作，改走小而美的路線。不管流行趨勢是什麼，這都是正確的概念。如果你能想出精采的創意，衝撞出完全相反的方向，並且符合你的品牌訊息，那麼你也能逆勢操作，用這股力量脫穎而出。

▶ 老密爾瓦基啤酒第四十七屆超級盃廣告，
於二〇一二年二月五日首次於電視播出。
網址：https://youtu.be/YjzesjojNhA

設計反面敘事

　　當然，你可以說行銷做的每一件事，都是想辦法逆向操作。不過，讓我們來看看一個例子，此例特別之處在於它與流行趨勢有關。不管你是要搭乘時下的浪潮還是要逆向操作，兩者的關鍵要素都是要找出什麼才是當下的流行。你可以把自己套上一個流行話題，藉以搭乘時下浪潮，或是找一個流行話題，把它翻轉過來。無論如何，你要做的就是利用最新話題或趨勢，設計好（或逆向操作）你的機關。

　　幾年前，「寵物批鬥」（pet shaming）的主題在網路上極度熱門。沒人不愛自己的寵物，因此，動物相關話題在網路上的熱度總是上升得很快。「寵物批鬥」的影片或照片是說，主人發現寵物做了壞事，用第一人稱的口吻把罪狀寫在一塊紙板上後，掛在寵物的脖子上，或放在床上或碗旁，然後拍下或錄下寵物看起來楚楚可憐的樣子。紙板上通常寫著：「沙發是我咬壞的」、「媽媽最喜歡的枕頭被我咬壞了」、「寶寶的鞋子被我咬爛了」。很像以前美國小學要懲罰表現不佳的學生時，會給他們戴上的三角帽。

　　那時我們剛開始和一家公益團體「寵物人生」（Pets Add Life）展開合作，此團體致力於向社會大眾宣導寵物的好處，主張寵物能夠充實人類的生活。我們當時已經拍出很多叫好又叫座的寵物影片，知道寵物影片具有十足的威

力，但我們也意識到似乎有源源不絕的寵物影片被放到網路上。我們需要某個真的是與眾不同、獨一無二的東西，才能突破重圍。我們的智囊團仔細研究了一番。發現「寵物批鬥」的影片非常流行，而我們所需要的就是逆向操作，所以，與其讓人類來批鬥寵物，要是由寵物來批鬥人類，聽起來如何？

太好了，絕妙的點子。至少在紙上談兵的階段是如此。

我們推演了幾百萬種方案，思考到底要如何執行，才能破解這個看起來很有道理的點子。我們要讓動物拍下人類看起來很窘的照片嗎？為什麼動物要這樣做？我們需要呈現動物拿著相機的樣子嗎？人類需要意識到自己正在被拍照嗎？他們是睡著的嗎？若是如此，我們要如何讓寵物重現那個批鬥的畫面？

概念很棒，但是，實際上該怎麼拍？

最後，我們終於想出了最後中選的點子。我們拍出了一支廣告片《全人類注意！我呼籲停止寵物批鬥》（*ATTENTION ALL HUMANS!!! | STOP PET SHAMING*），影片一開頭，就是一隻狗狗對著鏡頭說話。沒錯，真的是對著鏡頭「說話」。口型是用電腦特效製作的，至於聲音，在我們試鏡了幾個聲音表現很廣的演員之後，決定由最受我們喜愛的腳本家戴夫・艾克曼（Dave Ackerman）雀屏中選。不曉得是他蓄著大鬍子的關係，還是因為他快活的天性，我覺得要是狗會說英語，聽起來一定就是他的聲音

——這完全是讚美。

「嘿，人類！別再滑了，我有話要說！」影片開頭，就是一隻狗眼睛直盯著鏡頭說話。「你以為你很幽默是吧，把我們變成網路迷因，把我們最脆弱的時刻用手機拍下來，暴露給全世界看。手機很好用嘛！竟敢說我們是人類最好的朋友。如果今天立場互換，你覺得怎麼樣？」

接著，我們看到人類和寵物的立場互換。人類也會做出許多他們不想被拍下來貼到社群媒體上的行為，也一定不想被他們的寵物揭發出來。一名女性和男友親密地窩在沙發上看電視，但她不小心放了個屁。

 ▶ 《全人類注意！我呼籲停止寵物批鬥》於二〇一六年十二月十二日由寵物人生發布於 YouTube。
網址：https://youtu.be/dczFf-mydmA

　　她很快地責備了躺在她腳旁睡覺的狗，假裝屁是狗放的。鏡頭轉到狗旁邊的一張標語，上面寫著牠的心裡話：「其實是你放的，你自己知道。」男友心知是她，看了她一眼，但那女孩搖搖頭，繼續否認。鏡頭再轉到狗身旁的下一張標語，上面寫：「是的，就是你。你有腸躁症的問題。」

　　我們先前沙盤推演出一連串複雜問題的解答，結果，跟我們最初的發想一樣，其實無敵簡單。只要讓寵物秀出羅列人類罪狀的標語紙板就好。紙板是寵物寫的嗎？管他的，這部分我們看不到！這個解決的方法非常簡單，既保持了核心概念裡的幽默，又沒有在執行面過度地複雜化。

　　在影片秀出一個又一個寵物指責人類的畫面後，我們的狗狗主持人主動出聲要求和解。「這樣吧，大家私底下都會做些奇怪的事，」狗狗說道，「但這些時刻並不能定義我們，不管怎樣，我們都是人類最好的朋友，這就是我們的天性。」他鼓勵人類繼續保持那些奇怪的嗜好，他還說，你的寵物恐怕還會加入你的行列。這時候，影片出現一個男孩跟他的鸚鵡一起隨著嘻哈音樂舞動的畫面。「你只要記得，我們不會跟任何人說上次你……嗯，你知道的。」狗狗主持人如此結語。

　　影片尾聲出現一行字幕：「別指責了，分享這支影片吧 #PetsAddLife。」人們果然照做。這支影片最後得到超過五百萬觀看數和一千次分享。

給派對來點新意

　　逆向操作也能對網路內容創作者發揮效用，前提是，他們要端出完全不同的東西或加上自己的巧思。並非一定要像電視新聞呈現立場相左的觀點那樣，你必須先觀察在你所屬的領域裡，已經成為輿論領袖的那些人，先看他們是如何提出他們的意見，然後拿出屬於你自己獨創且有所區隔的東西，去吸引同一批觀眾，提供他們具有新意的創作成為對照。

　　二〇一五年時，YouTube 上充斥著迷人可愛的網路內容創作者，他們的人物設定清一色屬於積極、溫暖的風格。許多影片不是某個人物為你加油打氣，鼓勵你成為更好的自己，要不就是分享他們生命中正面積極的事物。然而，宣稱自己是「生活主播」的賈斯汀·伊扎里克（Justine Ezarik，其 YouTube 用戶名為 iJustine），和以活力四射的烘焙影片而聞名的羅珊娜·潘辛諾（Rosanna Pansino），卻在這一片積極美好的粉紅泡泡中異軍突起，這兩位網路名人為網路世界注入了不怕表現自我，與眾人有所不同的聲音。

　　接下來，帕皮（Poppy）登場了。這個年輕女孩，就算以網路世界非常高的容忍度來看，都像個不折不扣的怪咖。她塑造出的反文化形象是如此地與過往不同，而且難以預料，以至於使人幾乎無法不注意到她。她的品牌形象

可以說跟其他所有散播歡樂散播愛的影片部落客完全相反，更神奇的是，她完全沒有任何要傳遞給世人的訊息。

▶ 《時間到了》（*It's Time*）於二〇一八年八月二十日發布於帕皮的 YouTube 頻道。網址：https://youtu.be/lBkydO1HGZY

「帕皮」的誕生，源自於當年十五歲的莫瑞亞·帕瑞拉（Moriah Pereira），她想進入演藝圈，因此從田納西州的納許維爾（Nashville）搬到洛杉磯。她擅長唱歌，但就和無數眾多有歌唱才華的人一樣，在有人注意到她之前，根本搞不出任何名堂。她把注意力移到網路上，研究網路上那

些影響力巨大、粉絲人數眾多的網路名人，因而明瞭網路上缺少的是什麼，那就是：所有人在做的事情「的相反」。

　　她用綽號「帕皮」成立頻道，開始拍攝風格抽象的影片，裡面的她可以說是如假包換的本人，毫無一點虛假。她的影片導演和製作人泰坦尼克·辛克萊（Titanic Sinclair）形容她的影片是「融合了安迪·沃荷（Andy Warhol）容易理解的普普藝術風格、大衛·林區（David Lynch）電影裡的詭譎怪異，以及提姆·波頓（Timothy Burton）的黑色幽默」[42]。這說法是否過譽並不重要，因為人們開始觀看她的影片，而且一直沒有失去興趣。

　　在她第一支大紅的影片《帕皮吃棉花糖》（*Poppy Eats Cotton Candy*）裡，她穿著粉紅色的芭蕾舞衣，吃著粉紅色的棉花糖。足足一分半鐘長的影片，她都在吃棉花糖。影片的色調被調得很淺，沒有對比，帕皮津津有味地吃著棉花糖，還舔了棉花糖的棍子，最後，她對著鏡頭笑了一笑，就結束了。

　　另一支熱門影片則把這種怪異的簡約概念推向全新境界。這支影片裡，她用童稚的聲音配合音調的變化，不斷重複地說「我是帕皮」，整整十分鐘。沒錯，十分鐘的影片裡，她就只是不停地說：「我是帕皮，我是帕皮……」。

42　譯注：安迪·沃荷是美國現代藝術家，以普普藝術聞名。大衛·林區和提姆·波頓都是美國電影導演，他們的電影具有非常強烈的風格，兩位都在小眾影迷圈擁有忠實的崇拜者。

　　這兩支影片都具有一種怪異到讓人驚愕無言的特質，但這裡的重點在於，她的影片跟其他常見的 YouTube 創作者可說是大相徑庭。大多數 YouTube 創作者都在想盡辦法傳遞正能量，無論是幫助別人解決戀愛困擾或是教他們烤蛋糕。但帕皮不同，她觸碰到了年輕人的神經，這個年輕世代生活中無一處不是網路，他們永遠馬不停蹄地在網路上尋找下一件新鮮事。帕皮的存在給了他們一個暫且從這種焦慮中解脫的理由，可以休息一下，不必總是要從網路上聽別人說他們該如何過生活。帕皮的影片提供人們一個單純享受某個奇怪事物的機會，即使只是一分鐘。

　　帕皮靠著逆向操作，成功在網路上出名，這個舉動也幫助她找到她的聲音。她的影片為她吸引了約五千萬名粉絲。她把網路當成舞臺，職業生涯扶搖直上。她和隸屬環球音樂旗下的小島唱片（Island Records）簽下合約，進行巡迴演唱，宣傳她的首張專輯。她替旗下節目包括《南方公園》的電視頻道「爆笑頻道」（Comedy Central）拍攝了一系列影片，標題取得非常到位，就叫做《網路名人帕皮》（*Internet Famous with Poppy*）。此外，她還出了一本書《帕皮福音書》（*The Gospel of Poppy*），沒錯，你猜到了，這個書名是取用《聖經》的典故再加以諧仿[43]。

　　這個年輕女孩了解網路的運作方式，因此，當她看到

42　譯注：新約《聖經》裡有馬太、馬可、路加、約翰福音，合稱《四福音書》。

往某個方向去的浪潮變得太強，便選在合宜的時機，來個一百八十度的大翻轉。網路會很樂意張開雙臂擁抱與時下流行截然相反的事物。但是，若想一擊中的，需要具備極為獨特的聲音才行。要說有誰找到了這樣獨特的聲音，那就是帕皮。

別落入俗套

有一個方式，可以讓你不必整天觀察網路趨勢仍能進行逆向操作——選取一個已經成型的人物風格或概念，然後主打完全相反的風格。這有點像勞勃‧狄尼洛（Robert De Niro）第一次演出喜劇角色一樣，他打破了以往慣常演出的角色類型。每個人都在關注他會如何駕馭這個角色，如果他成功了，那麼他的演員生涯又多了一種新的面向。沒人能否認，勞勃‧狄尼洛做到了。

當我們要替全世界最知名的重要人士推出他的耳機品牌時，我們就是遵循著這樣的思考路線，決定逆向操作，把他變成一個默默無名的小人物。

足球巨星 C 羅是這個星球上最多人知曉的名字，根據《時代》雜誌報導，全世界有百分之八十六的人知道他。他的社群媒體帳號擁有兩億五千萬名粉絲，是全世界最多人追蹤的名人。他來自葡萄牙，拍攝這部影片時住在西班牙，在這裡，他是有如神明般的存在。每次當 C 羅出現在

耐吉或凱文・克萊（Calvin Klein）的廣告中，如同電影明星一般光輝、奪目，充滿距離感。公眾看他就像是一位無法任意親近的性感超級巨星。

　　因此，我們決定走完全相反的路線。我們不要跟別人一樣把他拍成一個無懈可擊的完美巨星，我們要把他變成一名流浪漢。我們在他臉上貼上雜亂的鬍子，在他的破爛衣服裡穿上肌肉衣增加一點分量。接著，讓他走上馬德里的街頭，一邊施展足球腳技，一邊尋求路人的注意。如果他沒有扮裝，一定不到五秒鐘就被大批粉絲團團包圍，但因為這時他看起來像個落魄的平凡人，完全沒有人關心或在意他。

　　一小時過去了，他不斷表演足球球技，越來越急切地尋求旁人的注意。他把球朝一個路人踢去，但那人只是把球丟回給他便急匆匆地走了。他開玩笑地向一位女士要電話，但遭到拒絕。他開始在群眾中間表演盤球，展現更加高超的球技。表演中他還故意趴下來，假裝累壞了的樣子。

　　雖然這位足球大明星盡力要讓別人注意到他，卻沒人認出來。直到最後，有個好奇的小男孩被他花俏的球技吸引過來。他們彼此進行了幾回傳球，流浪漢要他表演幾招他會的招式，那位小朋友便挑了幾下球，再踢回給他。原來這位小朋友也有兩下子！ C 羅又開始盤球，要那位小朋友想辦法搶走。他也做到了！ C 羅把球撿起來，跟他擊掌，並要他先別離開。接著，C 羅將他的鬍子和扮裝全部

扯下，露出他原本的真面：足球超級巨星 C 羅。

　　僅僅幾秒鐘，整個廣場就擠得水洩不通。人們開始在他旁邊聚集，大批足球粉絲看到他們心目中的英雄，發出尖叫聲。趁著混亂開始之前，C 羅很快地在球上簽名，送給那名小男孩，然後便在保鑣的護衛下快速離去了。

　　這是一支具有高度可分享性的影片，因為人們看到了 C 羅從未展現過的一面。這支影片也跟通常都是瘋狂粉絲追星的景象完全相反，反而是讓一位名人扮裝，混到普通人當中。這支影片沒有針對崇拜名人這件事提出任何特定評論或看法，但它顯出的事實很簡單——即使像這樣一個人來到一個公共場所，展現他了不起的高超球技，人們還是對這位大明星視而不見。癥結就在於他的名氣，光是這件事，就極具評論性。大家都被這支影片給迷住了。

　　我們在發布影片之前先做了試映，每個人都說這支影片很棒，但他們也都說長度太長。這支影片足足超過四分鐘，以傳統廣告的角度來看，這長度簡直就跟永恆一樣久，在超級盃的廣告時段，已經可以放八支廣告了。主要原因還是在於，影片其實沒什麼太多精采的片段。C 羅甚至還有一度看起來想打盹呢！

　　所有業界的專家都異口同聲地建議，一定得把影片長度縮短一半。就算腰斬成兩分鐘，也很難預料網友會如何反應。

　　幸好我們並未採納他們的意見。這支四分鐘的影片，替 C 羅的全球品牌 ROC 吹響了前奏曲。除了超過一億次觀看數以外，影片在全世界得到二十二個語言、兩千五百篇文章的報導。C 羅的品牌成為流行文化寵兒，而我們花的錢，只有傳統廣告預算的一丁點。

　　對任何大型品牌而言，要推出一個新的產品線，走傳統廣告是他們唯一能想到的固定模式。但我們做到了，只靠著動一點逆向操作的腦筋。

當網路反過來踢館

　　網路世界存在一種鄉民心態，喜歡破壞和挑戰有辦法呼風喚雨的勢力或體制，尤其是那些擅長自我吹噓的企業行銷案。品牌精心策劃的行銷方案被網友逆勢來踢館，是社群媒體熱愛且經常發起的活動。

　　當這類事件發生時，品牌必須趕快站穩腳步，制定因應對策，並保持開放心胸，去轉化和更動他們最初的策略。品牌在此時做出的回應，將決定他們是繼續給自己挖一個更大的坑往下跳，還是藉此機會翻轉風頭，順勢建立更穩固的商譽。如果品牌擺出防禦性的硬姿態，沒多大意外應該會遭遇網路鄉民更強一波的負面聲量襲擊。換句話說，品牌在網路上遭遇踢館時的最佳因應措施，是立刻接受新的現實。

　　這個做法很像即興喜劇裡的頭號準則:「是的,然後……」(Yes, and…)這句即興劇場裡的王牌臺詞基本上是說,你不能否認任何事,對方說什麼都只能接受,然後繼續表演下去。在即興表演裡,要是你跟某人進行現場機智對答,不管對方說什麼,你都得順著話頭繼續跟著掰下去,保持熱度,不可以否決對方所創建出來的現實。譬如說,有個人用手比了一個手槍的姿勢大喊:「這是搶劫!」你不能回說:「那不是槍,那只是你的手指。」這樣等於是在說「不」,這是不能允許的。你必須回答「是的」,並接受那隻手被當成手槍,然後針對這樣的現實來進行回應。無論他們自己是否願意,品牌遭到網友來踢館時,必須具備這樣的幽默感才行。

　　知名量販店沃爾瑪(Walmart)就曾經遭遇這種網友惡搞的事件。沃爾瑪替嘻哈藝人嘻哈鬥牛犬(Pitbull)推出一檔網路行銷企畫,透過網路投票選出一座有沃爾瑪量販店所在的美國城市,為這位藝人開一場免費音樂會。這場投票競賽找了施易茲口香貼片(Sheets Energy Strips,一種改善口腔氣味的口含片,效果有如李施德霖漱口水)來贊助,規則很簡單,網友只要在指定的時間內上網投票,哪一座城市得到最高票,嘻哈鬥牛犬就會前往開演唱會。

　　設計這個活動的原意,是想推動社群認同。理論上,這是要網友投票給自己的城市,並呼朋引伴叫朋友也一起來投票,這樣才能吸引嘻哈鬥牛犬到他們的城市來開演唱

會。你覺得網友會乖乖聽話嗎？才怪！網路固有的鄉民心態決定大開沃爾瑪玩笑，網路上的眾人競相投票給一個名不見經傳的小城市，故意要讓這場演唱會在一個鳥不生蛋的地方舉行。鄉民最愛的就是你將決定權交到他們手上了，無論是多麼可笑的事情，他們都會想玩弄一番。

這場活動推出以後，以討論娛樂、動畫為主的論壇網站 Something Awful 上有兩個網友大衛・索普（David Thorpe）與強・罕佐恩（Jon Hendren），呼籲大家投票給位於阿拉斯加州的柯迪亞（Kodiak），這裡的居民只有六千多人，它是美國有沃爾瑪超市的最小城鎮。隨著大批網友響應這個惡作劇，柯迪亞的得票數遠遠超過其人口數，沃爾瑪面臨兩種選擇：拒絕承認網友的投票，以活動設計不周為由廢止這項活動；或是，跟著網友玩下去。

沃爾瑪很明智地承受網友送來的重擊，並沒有嘗試叫停。更重要的是，歌手嘻哈鬥牛犬也沒有。他貼出一支當時他正舉辦中的世界巡迴演唱會的影片，並說為了歌迷他願意去任何地方，還邀請那些發起「跟著我去柯迪亞」這個玩笑的網友共襄盛舉。

就這樣，因為網友的踢館，嘻哈鬥牛犬飛去了阿拉斯加的柯迪亞辦演唱會。當地人用在地習俗歡迎他，包括送他在當地會需要的驅熊劑。之後，按照這個活動事先所宣傳的，嘻哈鬥牛犬在當地沃爾瑪超市的停車場開了一場歡聲震天的演唱會。最後，沃爾瑪和嘻哈鬥牛犬都贏得了大

量的關注和讚賞。其實,如果這場活動是按照原本設想的劇本來走,他們得到的迴響可能不會那麼大。

　　無論你是要在其他人都拚命放大聲量時走簡約風,還是要設計反面敘事、打破俗套,或者在網友來踢館時跟著順勢玩下去,逆向操作的醍醐味,就是要抓住時下浪潮的正面精髓,然後反其道而行。這兩者就像一枚硬幣的兩面,就看你是要將你的訊息順著多數意見的勢頭傳遞出去,還是要進行一場碰撞。這個公式可以應用到任何你想傳達出去的訊息,就算是看起來沒有那麼有意思的主題,從社群議題到社會公益,或甚至牙科問題,都適用。這個方法就是要把無聊的東西變得有趣。

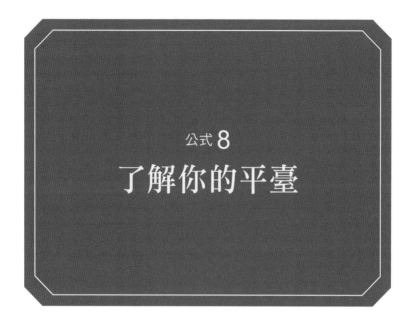

公式 8
了解你的平臺

　　歌手尚恩‧曼德斯是第一個在二十歲之前，就拿下四
支單曲冠軍的流行歌手，堪稱全球超級巨星。他的全球巡
迴演唱總是占據新聞頭條，他的社群媒體網站擁有高達一
億以上的粉絲。但他並非一開始就是這樣。曼德斯既沒有
去上明星訓練班，也不是在酒吧駐唱十年後才被星探發
掘，而是自己在網路上建立粉絲基礎而崛起。

　　曼德斯成長於加拿大安大略省的皮克林市
（Pickering），這是距離多倫多不遠的一個小城鎮。他從小
就擁有鴻鵠之志，十四歲學會彈吉他，並在 Vine 上貼出他
唱小賈斯汀（Justin Bieber）、紅髮艾德（Ed Sheeran）、愛

黛兒（Adele）歌曲的六秒鐘影片。尚恩‧曼德斯並沒有接受過正式的音樂教育，但他用他與生俱來的才華、迷人魅力，以及天生擅長在網路上與人交流的能力，大大地彌補了那方面的缺憾。他所做的就是認真定期發布新影片，藉此快速地累積了一批忠實追蹤者—— Vine 時代他就建立了一百萬名的粉絲群，在推特上則聚集了四十萬名粉絲，這些都是他獨自在皮克林的家中達成的。

這些對曼德斯來說，好似自然而然就能達成。當他接受《滾石》（Rolling Stone）音樂雜誌訪問時表示：「我就是那種總是成天掛在網路上的小孩，我總是在看 YouTube。那不是工作，我覺得那很好玩。」[44]

就是這個「好玩」，讓曼德斯在 YouTube 上被經紀人安德魯‧葛特勒（Andrew Gertler）發掘，立刻讓曼德斯和家人飛來紐約的錄音室。葛特勒迅速替他拿下小島唱片的唱片合約，沒過多久就幫曼德斯出了第一張單曲。這首歌曲旋即在 iTunes 衝上第一名，讓他得到參加泰勒絲（Taylor Swift）巡迴演唱會的機會。最後，他也得到了自己的冠名巡迴演唱。

尚恩‧曼德斯的發跡故事，讓我們看到社群媒體如

44　資料來源：Brittany Spanos,"Shawn Mendes: How a Toronto Teen Became the Super- star Next Door," *Rolling Stone*, April 13, 2016. https://rollingstone. com/music/music-news/shawn-mendes-how-a-toronto-teen-became-the- superstar-next- door-237177/

YouTube、推特、Instagram 等不可思議的威力,這些平臺能幫助你與觀眾交流,建立廣大且熱衷的粉絲群——如果你無法打進傳統好萊塢權力結構的話。這些平臺給予每個人機會,讓他們和全世界分享自己的故事和才華。

在本章中,我們要深入探討這些社群平臺,徹底地了解其背後錯綜複雜的原理和一切你應該知道的技術面詳情,幫助你在這些平臺上大獲成功。我要幫助你了解如何衡量現有的平臺,應該怎麼選擇才能與你的內容類型完美結合,以及具體要如何操作,才能成功達成突破。

這些知識非常重要。網路上有無數平臺,他們的樣貌每天都在變化和演進。前一天還大紅大紫的東西,明天可能就壽終正寢。而且,無論你的內容有多犀利,要是不了解各種平臺的特性,你的努力都會白費。

不過,套一句《銀河便車指南》(*The Hitchhiker's Guide to the Galaxy*)作者道格拉斯‧亞當斯(Douglas Adams)[45] 說過的話,根據傳奇科幻小說家亞瑟‧查爾斯‧克拉克(Arthur C. Clarke)[46] 所言,這是能夠給予全體人類最好的一條建議,那就是:「別慌張。」

45　譯注:道格拉斯‧亞當斯,英國科幻小說家,他的喜劇科幻寓言作品《銀河便車指南》被改編為電影《星際大奇航》。
46　譯注:亞瑟‧查爾斯‧克拉克是英國科幻小說家,被稱為二十世紀三大科幻小說家之一。他最知名的科幻小說就是與電影同名的《2001 太空漫遊》(*2001: A Space Odyssey*)。

　　一年中總有好幾次，我們會看到品牌圈中突然人人一陣焦慮，原因是某些平臺又更改了他們的演算法，重新調動他們的所有內容。

　　「臉書現在會限制動態更新，貼文觸及的追蹤者會變少，這樣會不會導致網路影片的死亡？」

　　不，不會的。

　　每次遇到這種事情，人人紛紛用頭撞鍵盤，寫下氣憤的貼文，痛罵臉書老闆馬克‧祖克伯（Mark Zuckerberg）會毀掉他們的事業，埋怨他們自己選擇進入的這個新興產業瞬息萬變的天性。他們會花費好幾小時和自己賺來的辛苦錢，一一檢視和調整他們發出的文章，結果過了一個月後，新聞報導演算法「又」要更新了。

　　如果你相信科技新聞，你可能經常感覺自己需要一個由麻省理工的數據科學家組成的團隊，幫你隨時跟上平臺的最新進度。不過，我要告訴你：「別慌張。」當然，演算法總會改變，而且那會在某個層面影響到你的內容的觀看和分享。但事實上，如果你把重心放在這本書所談的整體概念，不管演算法如何改變，你總是能勝過競爭對手。

　　正因如此，我才要在本章和下一章，詳細解釋這些平臺的操作原理，該怎麼進行調整才能得到最優化的結果。關鍵是，要從概念去了解這些平臺是基於哪些動機和誘因做出更動，從根本去了解他們成立的宗旨，以及這些平臺加總在一起，是如何地形成我們所看到的社群媒體生態，

如此一來，你就可以讓這個系統為你用。

綜覽全局的觀點

　　在談個別平臺之前，我們先退一步，將社群網路視為一個整體來思考。對我們來說，要探討社群媒體的中心思想，必須了解三個重要概念。

1. 社群媒體是為了他們的使用者而成立

　　這句話聽來理所當然，但令人驚訝的是，這其實是違反直覺的。多數人並不了解這一點，甚至連我們領域裡的專家也不了解。

　　回頭看看傳統的電視和廣播，這兩種媒體的成立完全只為一個主人服務，就是廣告主。他們的存在僅是為了提供一群觀眾給品牌，讓後者願意付錢，透過掌握在他們手上的電波來宣傳企業產品。

　　難道所有社群媒體平臺不也是這樣嗎？如果臉書不是一種能夠集結大群觀眾，隨時都有數十億隻眼睛在盯著看，以便讓它能標上價格的一種機制，那它是什麼？差別在於，社群平臺並非絕對是為了這樣的目的存在。社群平臺之所以出現，是讓人們能夠相互連結，分享彼此的生活點滴。這才是他們（一開始）存在的唯一理由。

　　我無法告訴你有多少次，我走進品牌的會議室，對方的高層主管總是把社群媒體平臺看作是某種後現代廣告布達系統。他們嘴巴上總是談論著「曝光率」、「付費通路」、「轉換率」之類的術語。彷彿 Instagram 之所以會出現，就是讓他們能夠把巧克力棒賣給某個住在印第安納波利斯的小孩似的。

　　然而，社群網路是一種不同的野獸。至於向觀眾推出廣告以獲得利潤則是附加的東西，並非其本質，跟傳統的廣播和電視不一樣。沒錯，賣廣告很重要，而且確實能帶來可觀的營收，但這並非社群媒體的核心功能，這就是兩者最大的不同。

　　無論你是品牌還是網路創作者，要在這些平臺上取得成功，你永遠必須摸清楚使用者的心理，以及定義這個生態體系的潛規則。你是這些平臺上不請自來的客人，不會有人上臉書是要查詢最近有沒有什麼最新的無線網路優惠，所以，你最好按照社群平臺上的規則行事。

　　這就要回到我們第三個公式「重視價值」。身為平臺上的客人，你應該重視「提供價值」給觀眾，而不是從他們那裡拿走價值。這樣你才能交到更多朋友。

　　我的事業夥伴尼克・瑞德，經常用一個派對上的小故事來說明社交禮儀如何套用到網路世界裡。假設你在派對上正和朋友聊得開心，突然有個不認識的人冒出來，一開口就要跟你借二十美元搭計程車，你會怎麼說？你多快會

想要閃人？相反地，如果這個人走過來，先向你露出笑容，自我介紹，然後握手，接下來三十分鐘，你和他愉快地聊了生活、小孩，還有你倆都多麼痛恨通勤，你是不是感覺會好很多？而在那之後，如果那個人有點尷尬地跟你說，他忘了帶錢包，能不能借一百元好搭計程車回家，你會不會借呢？我猜你會。

這就是你應該帶到社群媒體上的心態。

2. 每個平臺都不一樣

雖說所有社群平臺都有一個共通核心，但他們也都具有相當獨特的地方，都擁有自己的宗旨和運作模式——這是平臺為其使用者解決某個特定問題所著眼的深刻焦點。

他們用自己的獨特語言來運作，透過特地編排的文字、照片、影片和表情符號，來指引使用者與他們的朋友、家人、粉絲建立溝通。每個平臺都有自己的韻律和節奏，以呈現人們貼文的頻率、內容的深淺、使用者經驗是屬於主動或被動等等。

多年來，大家都在討論 YouTube 和傳統電視媒體之間有很大的不同。這當然沒錯，但提到使用者經驗，Instagram 和 YouTube 之間也有很大差異，如同 YouTube 和電視之間，或是推特和 Snapchat、WhatsApp 與臉書之間，都有相當大的差異一樣。每個平臺都是完全不同的宇宙，

擁有自己的規則和方針。當我們要去了解並征服這些社群平臺時,必須將這點銘記在心。

　　本章後半,我會詳談各大平臺,討論那些我們認為對品牌來說最有價值的平臺,包括 YouTube、臉書、Instagram,以及其他我們視為聊天的平臺,包括推特、Snapchat、Reddit。我認為,要是你無法了解各個平臺如此迴異的特點,你是無法開始在社群媒體上做出成果的。

3. 一體不能適用

　　平臺間各有不同之處,必須針對每一個平臺更動策略,再加以執行。也就是說,你不能把一支 YouTube 影片就這樣丟到臉書上,希望它能成功,因為,它就是不會。

　　品牌的世界裡,近年來興起一種「內容無所不在」的理論。意思通常是指大部分企業品牌會拿他們商業痕跡很明顯的影片,投放到他們所有的社群媒體上。當然,像 Instagram 只能放六十秒以內的影片,品牌會為這類平臺做點修剪,但基本上還是同一支影片。

　　這實在是大錯特錯。想像福斯電視(Fox TV)與連鎖電影院 AMC 合作,在美國兩千家戲院的電影銀幕上播出真人實境的跳舞節目《與明星共舞》(*Dancing with the Stars*),同時又把它變成播客節目(podcast)在網路上播出。這完全不合道理。誰想去電影院看一部才藝節目?誰

想在廣播上聽一個舞蹈節目？人們是不會這樣收看娛樂節目的。

相同的道理，你不能把一支為臉書量身打造的影片硬塞到 Snapchat 上；而 Instgram 以圖片為推廣策略，但在 YouTube 上是行不通的。這些平臺是完全不同的世界，其內容各自需要不同的工具、風格、節奏，才能發揮成效。是的，要做得對需要花許多工夫，但這才是唯一能保證成功的方法。

看看以上三個指導原則，你會發現這個被過度渲染的「內容無所不在」的概念，根本會變成「到處在，到處都不在」。我的建議是，永遠要反其道而行。想跨足所有平臺，結果反倒弄得存在感很低，這只會讓你對每個平臺的複雜性大感吃不消，還會被經常性的挫折弄得筋疲力竭。不如先從深度經營一個平臺開始，把重心放在最能符合你需求的平臺，建立一個「邊做邊學」的方法論（這一點會在下一章談到），最後變成精通這個平臺的大師。

許多社群名人就是這樣做到的，例如傑‧謝蒂（以臉書為主）、憤怒彼特（Furious Pete，以 YouTube 為主）、阿曼達‧瑟尼（Amanda Cerny，以 Snapchat 為主）。只有在精通了一個平臺以後，才能移動到下一個。這樣你才會漸漸脫穎而出。要尋找靈感的話，不如看看紅牛能量飲料在 YouTube，訂房網站 Airbnb 在 Instagram 是如何專注經營，

以及溫蒂漢堡如何在推特上製造話題。這些品牌都花了時間和資源專精耕耘一個平臺，而他們現在都享受到豐碩的成果。

▶ Airbnb 在 Instagram 上的帳號。

　　剛才我們大致地談了這些平臺，現在，讓我們進入具體細節。我一直都很傷腦筋，不知該用什麼比喻，才能用清楚易懂的方式來描述這些各有特色的社群平臺。直到有一天心血來潮，我跟我們的策略專家派崔克・馬祖卡（Patrick Mazuca）坐在會議室裡討論社群平臺，他說這些平臺就好像一座城市裡的不同部分。我認為這真是傑出的形容。如同大部分的比喻，或許不盡完美，但我想已經能很貼切地說明社群平臺在人們的網路生活中扮演的角色，

就好像一座城市裡會有的建築或機構。話不多說，現在就
讓我們來看看派崔克是如何描述這座「網路城市」。

YouTube：公共圖書館

如果網路是座城市，YouTube 的功能就像網路上的圖
書館。現在，要是有個人上 YouTube，很大的機率是他心
裡已有具體的需要或意圖。這跟過去的時代差不多，人們
走進圖書館是想尋找某個主題的某本書或文章。同理，現
今的 YouTube 使用者會在站內搜尋他們想要的內容，無論
那是最新的音樂錄影帶、如何更換火星塞的教學，或是為
今天晚餐尋找一些烹飪的靈感等。

目前「搜尋」或許是 YouTube 的核心功能，畢竟
YouTube 隸屬谷歌旗下，但這確實是此平臺多年來發展出
的樣貌。成立於二○○五年，並在二○○六年被谷歌收
購，YouTube 一開始是個收集爆紅影片的平臺，是第一個
讓人們在網路上表現自己，並讓人建立個人品牌的主要網
站。以某種層面來說，YouTube 的成立就像是網路世界的
電視，其上的每一位網友都可以是發布節目的電視臺，也
可以是觀眾。

YouTube 頻道的內容在早期——現在也有很大程度仍
舊是如此——都集中在頻道主或是節目的策劃人身上。人
們會認為，經營該頻道的人就是會出現在頻道內容的人，

也就是說，他們是該節目的明星。除了少數的例外，不然的話，知名的 YouTube 創作者並不會在自己的頻道上貼出其他人或企業的影片。

　　早期的 YouTube 創作者是開始扭轉品牌宣傳實務的觸發點。隨著千禧世代越來越遠離電視，朝網路上更具原創性、更大膽的內容靠近，於此，全新的媒體世代明星也跟著誕生。這個時期充滿著發掘素人的樂趣，年輕人覺得那些 YouTube 創作者就好像尚未被發掘的寶石，再加上他們並不想被迫接受那些與現實脫節的媒體巨獸，在在都催生了網路藝人的成功，以及更有掌控意識的觀眾。他們得到可以「自己做主」的感覺。

　　這對新一代的影片工作者來說，是個新的啟蒙，並導致網路影片被瘋狂分享。隨著市場不斷擴張，內容的品質出現驚人的提升。有些影片甚至用上了 4K 的超高解析度和電影式的敘事手法，拿來拍一部劇情長片都不為過。無論如何，這些影片都呈現了創作者獨特的視角和氛圍，具備千禧世代獨有的特質。

　　提高的不只是影片的品質，內容的「數量」也在過去十年來大幅提升，最早它只是一道涓涓細流，現在已變成全球性的大洪水。截至二〇一九年，每天都有超過五十萬個小時的內容上傳到 YouTube。想想看，光是一天就有五十萬個小時！這實在是個嘆為觀止的數字，而這對平臺來說意味著兩件事。

　　第一，這樣驚人的內容量，已經幾乎不可能讓一個平常人或品牌在平臺上得到「病毒式爆紅」。當然這種事還是有可能發生，但這發生在你身上的機率實在是微乎其微，所以，實在不應該把它當成是你的策略核心。

　　第二，大量的上傳內容把 YouTube 變成了終極的網路影片集散地，基本上你能在這裡找到任何主題的影片。

　　這樣的演進使得 YouTube 發展成一個比原始成立宗旨更有趣的地方。由於所有發布於 YouTube 的內容都會存在 YouTube 上，有興趣的使用者可以擷取下來。等到 YouTube 開始整理這數十億的內容，將之分門別類，加上使用者還會在影片裡加註關鍵字句，這個平臺幾乎就變成了網路影片的公共圖書館。

　　近五年來，YouTube 平臺已經擺脫「要找迅速爆紅影片就來這裡」的形象，開始展現高深的搜尋功力。YouTube 現在由谷歌所有，谷歌是網路上最受歡迎也最強大的搜尋引擎。因此，搜尋的使命現在已經刻印在 YouTube 的 DNA 裡了，而他們在這方面可謂卓然有成。

　　二○一八年，人們每天在 YouTube 上收看的影片超過五十億支。若換一種方式來理解，等於是有線電視臺平均每天要得到五十萬名觀眾。這並不是個拿蘋果來比蘋果的比喻方式，不過已足以讓你了解世界前進的趨勢。由於多了這個搜尋的強大工具，YouTube 已成為容許我們消費網路影片內容的龐然巨獸。

　　為了確保其長遠的發展，YouTube 現在花更多精力讓使用者獲得更加個人化的體驗，而非只是用爆紅內容讓人們眼花撩亂而已。YouTube 把重點放在幫你用搜尋功能找到特定內容，幫你找到你要的東西之後，用人工智慧（AI）演算法來擷取你的偏好，或你過去搜尋過的東西。

　　AI 演算法有些爭議，擁護者宣稱，AI 會比你還知道你想要找什麼。當然，由於當前 AI 還在初期發展階段，有時會產生一些錯得離譜的結果。

　　以正面觀點來看，YouTube 圖書館已經夠聰明到能帶領多數使用者找到他們真正感興趣的東西。例如，住在賓州的莉絲熱愛下廚，花了很多時間搜尋和觀看與食物有關的內容，演算法就會在她每次進入 YouTube 時，為她送上最新的料理影片。如果她開始搜尋卡斯奇山（Catskills）度假的資訊，演算法就會變動，為她加入一些度假訂房或旅遊情報到顯示的結果當中。這就像你走進圖書館，先是瀏覽一些食譜書，然後往旅遊書籍的書架靠近。你能找到你想尋找的書籍，因為這些書籍是按照某種邏輯來擺放。

　　不過，當使用者搜尋的是具有爭議性、立場兩極或偏頗的內容主題時，演算法的缺陷就會暴露出來。例如蒙大拿州的安迪，想尋找和猶太大屠殺有關的影片，但他不小心點選了一支否認這個歷史的內容，那麼演算法就會為他找出一長串陰謀論和內容不過就是一些宣傳口號的影片，告訴他說猶太大屠殺根本沒發生過。這就必須仰賴安迪自

行辨認和理解這些影片都是騙人的，他必須再去尋找內容更加真實的資訊，因為目前未臻成熟的演算法幫不上忙。

如果莉絲選錯了胡椒粉，她做出來的菜可能會令人失望。如果安迪相信演算法幫他找出來的東西都是事實，那麼後果恐怕不堪設想。

這些都是極端的例子，但很不幸的是，這些事情極有可能發生。利用 YouTube 做為影片的搜尋引擎幾乎已成每個人的習慣，以至於現在不會有人到網站上隨機瀏覽有什麼頻道可看。人們知道他們想找什麼，不會捲動數百支他們不感興趣的影片，他們會直接觀看他們想看的東西，無論那支影片已經達到多少觀看數。

這可以帶來極為美妙的正面結果。我的岳父約翰・富林克（John Frink）就是 YouTube 轉型成網路圖書館的最佳受益者。去年夏天，他想做一個花園小矮人雕像，送給我們放在後院露臺。他到 YouTube ──這件事他在五年前絕對想都沒想過──打入一行字：「如何製作花園小矮人」。

眨眼間，一長串看似無窮無盡的搜尋結果馬上跳出來。他往下捲動，收看了四支他覺得看起來最有趣的影片。你覺得會是哪些？沒錯，你猜到了，那些都是標題寫得最好、縮圖最吸引人的影片。其中一支影片的價值性最高，它教你用簡單又最直截了當的方法，從零開始製作一支小矮人雕像，還提供步驟教學。這支影片來自一個叫做

MontMarteArt [47] 的頻道。影片用的縮圖，是一個人正在替
一個即將完成的小矮人雕像漆上顏色。標題的寫法也同樣
能勾起人的好奇心：「藝術教學：如何利用超輕黏土製作你
自己的花園小矮人」。

▶《藝術教學：如何利用超輕黏土製作你自
己的花園小矮人》（*Art Lesson: How to
Make Your Own Garden Gnome Using
Air-Hardening Clay*）於二〇一二年十一
月二十二日發布於 MontMarteArt 的
YouTube 頻道。
網址：https://youtu.be/8G9-w6HPwNc

47　譯注：Mont Mart Art 蒙馬特藝術，是一家澳洲的藝術用品公司。

影片中，一名親切、活力十足的主持人帶著你按步驟製作小矮人雕像，用的材料都是你在家附近的五金行或居家修繕材料店就能買得到。影片長度大約十分鐘，如果你是第一次動手，需要有人手把手教學的業餘者，而且你想做出一個看起來有模有樣的成品，這真的是一個很好的教學指南。我岳父跟著影片中的指示，在他大約重複播放了數十遍以後，終於做出一個花園小矮人，讓他博得眾人一致的讚賞。

約翰的成品可說是YouTube的功能發揮到極致的最佳範例。他「走進圖書館」進行一番研究，並找到他需要的資訊和指引。現在，小矮人計畫已經完畢，下一次約翰再上YouTube的時候，他會有完全不同的需求。這是一個去思考YouTube，以及多數人是如何使用它的極佳方法。

▶ 花園小矮人成品（照片由約翰・富林克拍攝）。

這對你來說有什麼意義呢？

當你在製作YouTube影片時，必須思考它們的搜尋功能，要從概念式、技術性兩個層面來思考。

1. YouTube 的哲學

在第三章，我花了很長的篇幅談論「重視價值，才能創作出成功的內容」。這是在任何社群平臺上都很重要的概念，對於 YouTube 來說特別是如此。以我岳父的例子來說，他並非在網路上漫無目的地瀏覽，看一些很酷的網路影片，或隨意逛逛 YouTube 的頻道，好打發午休時間。他是特地前往，為著一個非常具體的目的，想尋找對他有價值的東西——教他製作花園小矮人。

每天都有數百、數千萬人在做相同的事情，他們想尋找解決某個問題的方法。如果你是某個品牌或是創作者，思考一下你的內容類型，是否能對你想觸及的消費者或觀眾帶來價值？然後，站在他們的立場，問自己：「他們會搜尋什麼樣的內容？」接著，思考一下你擅長的是什麼，這跟他們的需要能產生什麼樣的重疊。你有什麼特殊之處，能為這群觀眾提供他們認為是有價值的東西？想清楚這個問題對你的意義，然後動手去做。

假設你是像家得寶（Home Depot）這樣販售居家修繕用品或建材的商店，按照傳統廣告模式，你會在 YouTube 上播放付費廣告，告訴觀眾，要進行居家修繕，來你的店就對了。當然，運用高超的演算法，這能讓你獲到搜尋居家修繕影片的網友，所以，你確定觀眾會看你的廣告看得很入迷，對吧？

　　錯！廣告會在觀眾真正想看的影片播放前跑出來，或是在他們看到一半的時候打斷影片，因此他們很可能會在可以略過的時候略過你的廣告，什麼也沒聽進去。如果他們上 YouTube 是想學如何重新粉刷臥室，誰會在意你那拍得美美的廣告？

　　這聽起來或許有點殘酷，但網路時代就是這樣的。

　　反過來，假設你決定重視價值，你要創作什麼樣的內容？如果你是家得寶，不如先開始檢視你的長處。你不只是居家修繕的專家，你還擁有大量居家修繕產品的詳細資料，這些都是人們會購買的產品，無論是在店裡還是網路購物。透過這些資料，你可以找出人們最常進行或最需要的修繕計畫，然後針對這些資訊來創作內容，為觀眾帶來價值。舉例來說，如果最普遍的居家修繕項目是粉刷臥室，你可以製作一系列影片，讓觀眾透過簡單易學的步驟，學習如何用最省時省力的方式，粉刷他們的臥室。更有甚者，何不拍支影片，示範如何用較低的成本，粉刷出一間具有專業水準，有如專業師傅刷出的房間？這可能會吸引那些上 YouTube 搜尋「如何粉刷我的臥室」的人喔。

　　現在，你正在思考觀眾到底想要的是什麼。你可以從製作「如何打造夢幻廚房」、「如何節省水費」、「如何打造讓鄰居羨慕的後院」開始。潛在的主題簡直無窮無盡。

　　不過，這裡要注意兩個重要的層面。

　　第一，家得寶這類大型品牌都有高額的行銷預算，所

以他們必定會有充足的資源製作這類型的高品質內容。沒錯，很多專業人士都會做這件事，但很少有人能達到大型品牌的水準。

第二，品牌會藉由提供這類價值，向潛在顧客邁出第一步，與他們建立關係。而且，不只是潛在客戶，還包括他們想主打的客戶。試想，誰會上網搜尋粉刷房間的影片？就是那些想粉刷房間的人。家得寶藉由提供這類內容，將自己定位成潛在客戶需要的修繕專家。如果該名潛在客戶看了家得寶的影片，覺得那對他進行粉刷房間的工作很有幫助，你覺得他會選擇向誰購買粉刷材料，讓他去做這件工作呢？沒錯，會是家得寶。先從對方獲得價值，因此選擇給予回報，這是人的天性，因為這是雙贏。

若你做的是報稅軟體，例如 TurboTax 或是 TaxAct 之類的公司，你可以登出昂貴的廣告，告訴觀眾你們的報稅解決方案是最棒的，或是最划算的。報稅季快到的時候，你會發現這是許多公司採取的策略，他們會花數相當高額的預算做廣告。

但，要是他們能夠轉而重視價值呢？要是他們能夠製作影片，幫助人們解決難題呢？大部分人都討厭報稅，主要是因為他們不曉得要怎麼報，報稅這件事感覺令人頭痛。要是你創作出有參考價值的影片，幫助他們一步步了解報稅的過程，會怎麼樣呢？這不是要你做一支廣告或資訊型廣告，而是有價值的資訊，說明並簡化報稅的複雜流

程，或者提供觀眾類似「生活智慧王」的小撇步，幫助他們省下時間或金錢。接著，你可以利用原本要花在媒體上的大把金錢，用來宣傳這些有價值的影片，把影片推上演算結果的前幾位。用這樣的方法使用你的預算，是不是比花在傳統廣告上好？這是思考 YouTube 內容的方式。記住，你放在 YouTube 上的內容永遠都需要為了某一種目的服務，而且必須是對觀眾有價值的服務。最重要的是，必須能夠被搜尋到。

2. YouTube 的技術面

　　你已經了解 YouTube 運作的哲學，現在讓我們來談談技術面。如果你希望你的內容能被找到，你需要好好地在它的門面下一番工夫。我會把重點放在關鍵的技術細節，你可以用來讓你的內容在 YouTube 獲得更大的成功。

　　具體來說，「中繼資料」對優化搜尋結果非常重要。中繼資料是一種數位資料，用來形容關鍵字、標題、作者或其他用來辨識和索引數位內容的資訊。你可以把 YouTube 分類影片的方式，想成是圖書館使用的杜威十進位圖書分類法。在杜威十進位圖書分類法於一八七六年出現之前，書籍擺放的方式都是按照他們問世的時間來排序，因此，若想找某個主題的書籍，簡直是不可能的任務。杜威十進位圖書分類法出現之後，書籍可以根據相關主題來組織、

擺放，可說是一大進步。

　　YouTube 基本上採取相同的方式。YouTube 並不是按照發布日期排列，而是將影片歸到不同的分類，其類別就是根據發布者所提供的中繼資料和該影片的內容而定。

　　當你上傳影片到 YouTube，有兩項主要資產會被歸到影片的創作當中，被當成是一項內容。首先是影片本身，第二項資產則是 YouTube 用來索引影片的中繼資料 [48]。這些中繼資料包括標題、影片描述、標籤（搜尋這支影片時會用到的關鍵字），以及縮圖（顯示在使用者搜尋結果中，該筆影片資料的靜止主圖）。

　　這些元素會被 YouTube 的演算法考慮進去並進行加權，來決定你的影片會被放置在他們這個龐大圖書館的哪個地方。了解其背後的處理和編目方式，極為重要。每支影片的中繼資料不只決定搜尋會出現什麼樣的結果，還有助於決定哪些影片跳出到推薦的影片當中。推薦影片欄出現在使用者 YouTube 頁面的右方，這對你的影片是否能受青睞非常重要，因為推薦影片實際上就是誘餌，吸引網友掉入 YouTube 的影片之海。根據使用者鍵入搜尋欄的文字，或他們過去曾經觀看過的影片，演算法會算出它認為網友會有興趣的推薦影片。

47　譯注：中繼資料 metadata，就是用來描述資料的資料（data about data）。

　　假設你是料理影片的創作者，你想分享外婆美妙的義大利燉飯食譜給全世界知道。你的中繼資料要包含哪些重要的東西？該做什麼？不該做什麼？以下提供一些簡單的準則。

／標題／

YouTube 將之稱為題名，但我想標題是更合適的用語。

- 不要忘了替你的影片取名。你不知道有多少影片都叫「燉飯版本三」。而且，命名時千萬不要取一些很普通、無味的標題，例如「燉飯食譜」。這種名字無法說明你的影片跟其他燉飯食譜有何不同，這樣不會有人想點閱的。還有，也不要取一些用來騙點閱率，例如「炸天燉飯」這類愚蠢的標題，除非你的燉飯真的會炸天而且還用慢動作拍成影片，如果真是如此，你就要寫在標題裡！

- 標題要獨特、清楚、具有描述性，例如「四種方法做出完美的義大利燉飯，我家外婆的祕傳食譜現蹤！」當然，你應該看看同類別的競爭對手是怎麼做的，研究他們成功的因素。你使用的關鍵字必須是已經能夠產生高流量的，這些字要用在題名的開頭。如果你需要放品牌名、集數，或其他沒那麼吸引人的資訊，記得放在標題的最後面。以及，你也

應該測試你的標題，試試看哪些做法會給你帶來最
大的迴響。（關於這一點，下一章會談更多。）

／縮圖／

- 從你的影片中挑選一張你喜歡的影像。千萬、絕
  對不要讓 YouTube 演算法幫你隨機選取影像。
  YouTube 隨機擷取的東西，並不會替你的影片帶來
  任何效益。也不要閉著眼睛隨便截出一張圖來，這
  是不會促使網友點選的。
- 製作縮圖，要跟你製作影片一樣用心才行。找一個
  靜物攝影師，或至少用還不錯的相機，捕捉優美又
  吸睛的影像，讓你用以做出一張出色的縮圖。直接
  擷取影片畫面也可以，這通常會是縮圖的最佳選
  擇，重點是要好好花時間，找一張最能引人注目的
  圖片。

／敘述／

- 千萬不要只是寫一段很普通或沒內容的東西。影片
  敘述的頭幾個字絕對是引人觀看的重要關鍵，其餘
  文字則是讓他們保持參與度的要素。如果你只是把
  標題重複一遍，然後在底下放一堆標籤和連結，絕
  對不會讓人想點下任何一個。

- 記得你的觀眾要的是什麼。這個案例當中，他們想尋找的是義大利燉飯食譜，你恰好有一個世界最棒的食譜要分享出來！這難道不是一拍即合？不過，前提是你要讓他們了解這一點，而且要快！何不在欄位的頂端，用所有你認為能吸引人們來看影片的要素，做一個簡要的敘述。這個食譜操作起來是否快速？是否簡單？是否一定不會失敗？有什麼關鍵食材讓你的食譜跟別人不同？把這些特殊之處擺在最前面。然後，才用像和朋友聊天的口吻，進入詳細的敘述，以及，不要忘了提供網友需要購買的食材和文字食譜。在一開始的敘述中就先告訴網友這些，這樣他們會知道，如果他們點閱你的影片，你會幫他們把一切需要知道的都準備好。

／標籤符號（#）／

- 別忘了加註標籤，這些是搜尋引擎運作的關鍵。人們在網站上搜尋的時候，可以用標籤搜尋到你的影片。使用者鍵入和你的標籤有關聯的關鍵字時，你的影片就會出現在他們的搜尋結果裡。如果你的文字沒出現「松露」兩個字，那麼你的影片就永遠不會被搜尋「松露燉飯」的人找到。還有，不要拼錯、寫錯字，也不要使用平凡、無相關的標籤。用

一個「棒」字不會產生任何效果，但如果改成「美味」和「超美味」就會有所不同，但無論如何，要是你寫錯字，就沒救了。

- 利用平臺的功能來幫助你尋找有用字詞。這個全世界觸及最廣的網路引擎就在指尖，請善用它的建議。就和你在進行搜尋的時候一樣，會有建議字詞自動跳出。「立即」這個詞有沒有包含在裡面？我猜有。看看這個詞是否適用於你的影片。或許它甚至應該放進你的標題中？從「立即」這個詞，你能否再聯想到其他關鍵字？或許，會有人想「快速」做好一餐，那麼使用「五分鐘上菜」這個短語，如何？這也是演算法能大大派上用場的地方，它的設計就是要從你的影片和你的競爭對手當中摘取出標籤。不妨參考上面的關鍵字建議工具。

還有，一定要把你或品牌的名字放進去。令人驚訝的是，常常有人忽略這一點，但你一定希望人們搜尋你來找到你的內容，所以，一定要放進去。

最後一件事，把你所有的標籤都整理到一個試算表的表格裡，這樣你就可以用關聯性將它們分類。所有包含「立即」或「快速」的字詞都應該被歸類在一起，這樣，你就能據此來決定你的核心選項。不要加入數百個標籤，應該要確定你加入的都是最有用、關聯度最高的字詞，而且最好的標籤應該放在

首位。因此，用一個試算表分類會很有幫助。

這些步驟可以給你一個好的起步，但要記住，YouTube是一個大型的網路影片藏書閣，你的內容隨時都能找到第二春，所以，請記得定期更新你的中繼資料，讓它們常保新鮮。

還有拜託，冒著聽起來像個老派學校教師的風險，我要再次叮嚀：發布前要先徹底檢查你的作品！沒有做好校對，只能說是悲劇啊。經常有人花了一個星期好不容易做好影片，發布出去以後，卻在標題打了一個錯字。

最重要的是，記得保持真我，不可作假。幾年前曾經流行過一件事，有人故意玩弄系統，在影片中加入熱門關鍵字，但影片本身跟那些主題毫無關聯。這個做法奏效了好一段時間，但 YouTube 強力地取締這項行為，發布者受到處罰，那些冒用熱門關鍵字的影片甚至被下架。從那時開始，演算法就出現改變，如果你現在還想玩這套伎倆，系統就會出來給你好看，你的影片會在排行榜中下降，甚至被封鎖。

如果你使用得當，而且是用來表現你真實的聲音，YouTube 是一個很好的地方，讓人們來發掘你的內容，就跟人們上圖書館找出這本書來一樣。

臉書：市鎮廣場

　　我們花很多篇幅討論 YouTube，是有原因的。YouTube 是第一座出現的社群平臺，也就是，這座公共圖書館是我們的虛擬城市裡第一座建築物。其他一切建設，無論是用哪一種方式，其成立都是為了因應它的出現。我們會討論其他平臺，深度是相同的，不過篇幅有長有短，因為 YouTube 已經可以做為一切的參考點。

　　如果說 YouTube 是公共圖書館，臉書就是緊鄰著旁邊，人們熙來攘往的市鎮廣場。這個場所在我們的社會中扮演著不可或缺的角色，以至於我們把它所帶來的許多東西視為理所當然，在它周遭新商家冒出來的速度，甚至超過老店結束營業的速度。臉書昨天還不過是一個我們與老朋友重新聯絡的地方，但現在，它已經有了一家電影院——影片頻道 Facebook Watch；好幾座電話亭——聊天軟體 Facebook Messenger；拍賣物品的市集—— Facebook Marketplace，搞不好我現在打字的時候又多了一個正要上線的交友軟體。

　　臉書在很多方面剛好都是 YouTube 的正相反。走出靜謐的圖書館，走進臉書，你馬上就踏進了一個人來人往，匯集了各行各業、各式人生的市鎮廣場，每個人從各個角落歡欣積極地大聲說出自己的意見，急切地要給你看看他們賣的食品、他們即將在星期四參加的活動，或是秀給你

看他們度假時所拍的精采照片。

　　簡單來說，YouTube 是一個後續影響力很強的藏書閣，臉書則是充斥著立即發生的各式體驗、在你眼前上演的各式事件。這是因為，臉書是一個以發表動態為主的系統。它又是一種在基礎上非常不同的野獸，許多社群媒體平臺都是採取這種運作方式。其概念可以說是不言自明，當你打開臉書、Instagram、推特，立刻映入眼簾的，就是所謂的「動態」。這些平臺上的內容串流，都是演算法根據你長久下來所建立的原則，來決定要把哪些內容推送到你面前。

　　在臉書上，如果你對麗莎的貼文按了讚，長久下來，演算法就會讓你較容易看到她的貼文。如果你持續按讚，更多貼文就會出現，要不了多久，你的臉書頁面就會成為一個以麗莎為中心的小宇宙了。這個現象引起相當多爭論，臉書也主動嘗試改變演算法，來應付這種現象。臉書目前已經取得一些進展，但在某個程度上，這並不是臉書造成的問題，不如說，這是人性的問題。

　　比方說，你正走在路上，前往市鎮廣場上你最喜愛的咖啡店，但你看到外面聚集了一群人，非常嘈雜。或許那群人，他們對某件非常熱衷的話題跟你有不一樣的看法，而他們正好在彼此爭論。難道你不會想改去另一家咖啡店，這樣你才能享受一個跟朋友相聚的寧靜時光？

　　想必你會，就跟大部分人一樣。多數人都寧願安安靜

靜地坐著跟好友聊天，快樂地待在我們自己的小宇宙裡，也不想出去跟喧鬧的人群對戰。

　　出於人類天性，應用到臉書上的演算法之後，就可以得出這樣的結果——如果你是屬於偏左的自由派，很可能較難在你的動態牆上看到保守派的言論。發現這種問題存在，我們很容易就責怪臉書，彷彿是他們有意地防止我們看到同溫層以外的世界，但事實卻是我們自己選擇不想去看見。是我們「選擇」要去坐在廣場對面的咖啡座。

　　當然，廣場上一定也充滿了各式各樣的宣傳口號。還有一些人，其實是機器人所假扮的，他們有意地要我們對各種事物發表意見，無論是針對國際政治還是全新的擦手毛巾。由於我們還不習慣機器人的樣貌，人們經常把它們錯以為是真的人類。演算法也正在學習如何把它們抓出來，所以，這裡也只能告誡你，你在廣場上四處漫遊時要保持謹慎。有些人並不是他們所表現出來的那樣，有些人，甚至不是真的人。

　　這個廣場也是一個能讓你完美掩飾自己的絕佳場所。好比辦公室的茶水間，人們總是在那裡停下腳步，交換彼此之間的小故事，聊聊體育、政治或娛樂。但臉書的最大不同在於，你只要走進這裡，就會得到一件《魔戒》小說裡的隱形斗篷，讓你可以把自己的原本面目隱藏起來。

　　你可以直直走進茶水間，傾聽別人的對話，完全不需要表露你曾來過這裡。再一次，這完全屬於個人的選擇。

你只有在「選擇」要與他人互動的時候，你才必須脫下斗篷，顯露你自己。

　　所以，如果你走進這個又吵又鬧又繁忙的地方，是想突破周圍的雜音，讓其他人注意到你，這意味著什麼呢？這表示你必須擷取別人的注意力。要讓這個廣場的人群突然轉過頭來注意看你，你需要某個龐大、響亮又搶眼的東西。不管你怎麼做，都不會持續太久就是了。臉書上的貼文比 YouTube 上的影片帶有更強大的刺穿力。觀看、反應、分享都會在一則貼文貼出後很快地出現，然後典型地在第一或二個星期過後熱度驟降，除非你日後再重新發布一次這個內容。

　　這是因為臉書是個以動態為主的系統。一旦你的貼文上了某人的動態以後，後面馬上會緊跟著另一則貼文，吞噬掉網友的注意力。臉書上的一切都像是一道彗星，眨眼間出現，眨眼間消失。不過，這並不會減損臉書的影響力，事實上，正好相反。由於臉書主要是由演算法來驅動，不需要某個人類輸入什麼東西來搜尋，你可以效率奇佳地，為你的觀眾客製化內容。臉書將觀眾分眾的工具可說是無人能敵。講到要將使用者的全副注意力引導到你的訊息上，沒有任何平臺追得上臉書的一丁點兒（除了 Instagram 之外，因為 Instagram 也屬臉書旗下）。

　　這意味著幾件事，全都能套用行銷漏斗的整套概念。行銷漏斗的意思，簡單來說，就是去抓住漏斗頂端多數人

的注意力，讓每個人都知道你的存在，然後用能夠引起交流的內容引導人們往漏斗底端走，也就是說，你能推動部分人採取行動，例如訂閱產品新訊或買一雙鞋，端看你的目標為何。

用這樣的方式來想，就會發現臉書有幾個使其如此有趣且獨特的差異化因素。以下詳細案例可以說明。

1. 傳統的行銷漏斗

行銷漏斗的頂端，是先打出大量的品牌知名度。傳統上是透過電視、廣播與平面廣告。反正就是花大筆金錢，讓你的品牌鋪天蓋地地出現在人們的生活當中，這樣的話，當人們需要相關產品，你的品牌就會浮現出來。這做法在過去是很有效的，如果你有大把的銀子，還是可以這樣做。只是以現今來說，成本越來越高昂，效益卻已經沒有像以前那麼好了。

社交媒體上的規則卻有所不同。其核心概念——也就是你需要知名度和注意力，是一樣的，但過去那種對所有人進行無差別訊息轟炸，以求觸及越多人越好的做法，在這裡會有所不同。現在，你可以將你的宣傳方案直接精確地瞄準你的受眾，也就是你想銷售的對象。

假設你是福特汽車公司，你想銷售你們全新的「野馬」（Mustang）車款。依照舊時代的做法，你會買下超級盃

和一堆電視黃金時段節目的廣告，再加上廣播，並在所有
最顯眼的位置投放平面廣告，這樣，你的訊息能被所有人
看到。但現在，你要先思考下面幾個問題：你觸及的人當
中，有多少是想買部新車？有多少人想買的是威武的「肌
肉車」？有多少人剛好偏好美國車，不考慮歐系或亞洲車？
算出來以後的百分比，恐怕會令人傷心。也就是說，你花
了數百萬的預算，把你的廣告訊息放送到再過好幾萬年也
不會買你這部車的人們面前。即便他們喜歡你的廣告，但
恐怕他們已經買了一部新車，或他們的租車合約才過了一
半，或他們討厭肌肉車，或者，他們需要的其實是一部小
型麵包車，因為需要載送孩子去補習班。

　　這是什麼狀況？許多廣告預算都被浪費了。

2. 社群媒體漏斗

　　在社群媒體，尤其是臉書和 Instagram，你可以建立一
個具有高度分眾性的目標觀眾。首先，利用以下四種參數
定義你的核心觀眾，：

(1) 人口概況

　　年齡、性別、婚姻或交友狀態、教育程度、工作場
所、工作職稱和其他。這是進行分眾時的第一步，也是最
基礎的一步。

(2) 地點

可以從地理區域，縮小範圍至任何特定地點的周邊地區。想觸及芝加哥瑞格利球場（Wrigley Field）的觀眾嗎？那麼就特別指定周遭範圍，瞄準這個特定區域的人們。

(3) 興趣

根據人們愛好的事物，例如他們的嗜好、喜歡的電影、電視節目、閒暇娛樂和其他，把他們聚集在一起。你賣的是健行用背包嗎？那麼就要瞄準喜歡露營、健行和戶外活動的人。

(4) 行為舉止

分眾還可以透過特定的購買行為，例如他們喜歡用哪一種行動裝置、會進行哪些活動等。你賣的是安卓裝置上才能安裝的 App 應用程式嗎？那麼就直接略過蘋果的使用者吧。

當然，你的目標觀眾塑造得越精準，要觸及到他們的成本也就越高。這是因為大部分的社群平臺都是以行動為主的媒體系統。這一點會在第九章再次講到，在這裡先告訴你這個重要的基本觀念。

以競標機制為主的媒體

在傳統媒體上，所有廣告都會獲得一視同仁的待遇。如果你花了三十萬美元在某一集《宅男行不行》（*The Big Bang Theory*）買了三十秒的廣告位置，電視臺其實並不在乎你的廣告是什麼，是好廣告還是爛廣告，也不會去管觀眾會怎麼看這則廣告，反正價碼是一樣的。電視臺只在乎你的廣告沒有冒犯社會良善風俗的內容，而且要符合他們的廣電節目播放準則和實務，但他們對你的廣告是否具創意或是否有效，不會有任何意見。想花五百萬美元買超級盃廣告時段，播放一則十足動感，讓人驚呼連連的廣告，還是只有一行字的廣告嗎？製作這些廣告或許花的預算不同，但是超級盃廣告的價碼卻是一樣的。

然而，在社群媒體上，做法卻完全相反。

記住，這些平臺是為了「使用者」而建立，而不是廣告主。銷售廣告是一種附加的功能，不是他們的核心使命。也因此，社群媒體平臺用以服務觀眾的方式，可以說是最有趣的。如果說觀眾不喜歡你的廣告，互動率和觀看時數就會很低，然後你就會被演算法踢到底層。這背後的意思是，為了播出這支廣告，他們針對每一次觀看數向你收比較高的費用。相反地，如果你的影片讓網友踴躍進行互動，則影片就會在演算法的結果當中上升，播出的費用相形較低（這點會在下一章談到）。

　　不過，先了解這個購買媒體在社群平臺上是如何運作的核心原則，你才能將內容在不同平臺上的效果放到最大。

　　這點在臉書上來說特別重要，純粹是因為臉書存在的時間比任何其他以動態顯示為主的平臺還久，他們的演算法發展多時，使其越來越成熟。

　　在臉書上，你可以選取一群非常窄化的目標觀眾，然而，要是觀眾數目太少，你的影響力很有限。這只是簡單的數學問題。如果你向一億人傳送你的內容，其中只要有百分之一的人按讚，那就是一百萬人！如果你將你的觀眾群縮小到瑞格利球場，這個球場最多只能坐四萬人，他們當中有多少人會在球賽舉行中看臉書？好吧，也許有一半，假設有兩萬人好了。如果當中百分之一的觀眾對你的內容按讚，也只有兩百人。

　　要怎麼玩這個遊戲，完全取決於你的目標。了解是什麼在推動這個平臺，你才能明智地選出適合你的觀眾。

　　到目前為止，我們只提到社群媒體漏斗的頂端。當你引爆一顆炸彈，引起每個人的注意力之後，就是開始帶領他們朝漏斗往下走的時候，而這裡也正是分眾和鎖定目標觀眾有趣的地方了。

　　假設你的影片贏得百萬觀看，現在，讓我們來看看這些數字的真正意義，更重要的是，有哪些真正的數字隱藏其後。

　　如同第三章提過的，只要有人停留三秒以上，臉書就會將之計算成一個觀看數。於此之外，臉書還會提供一個停留數據，告訴你人們留在這裡看了多久。（但是，臉書無法分辨人們是不是真的在觀看，還是因為剛好有人跑去上廁所所以停止滑動畫面的關係，這部分很難評估。）

　　唯一能分辨是否真的有人受到吸引的方法，要看他們進行互動的型態。記住，這是指人們主動回應、留言或分享你的影片。黃金標準比例是百分之一。《廣告時代》雜誌二〇一七年的爆紅排行榜上，所有熱門廣告互動率的中位數是百分之〇·八七。

　　假設你能打敗百事、耐吉之類的大品牌，你的影片達到了驚人的百分之一互動率，這表示有一萬人願意回應、分享或留言。和一百萬相較之下，一萬聽起來只是個小數字，但是觀眾分眾的道理從這裡才開始顯現。

　　分析一下跟你的內容進行互動的人們，你會發現觀眾的模式跟你一開始想像的不同。或許你的內容出乎你的預料，在威斯康辛州的年輕女性群中表現得更好，也或許，它在喜愛釣魚的人之間得到很棒的迴響？無論詳細情況如何，臉書都可以幫你把你的觀眾抽出來，讓你可以照著這些標準打造一批「類似」的目標觀眾。你可以把這一萬名網友當成種子班底，從這裡來推算出幾百萬個更多具有相同關鍵參數的網友。當你對這群人推出廣告時，你跟他們建立起交流的機會就大得多了。

　　這對於互動要變成轉換率來說，特別重要。分享力公司的做法，是製作具有「視覺性主題」的轉換率作品，把觀眾和我們為了打開知名度而推出的活動連結起來。我們會將內容再次鎖定「前互動者」，也就是那些曾經跟我們的內容互動過的人，以及跟他們具有類似點的觀眾，如此一來，我們會在人們的心裡引發一種似曾相識的熟悉感和滿足感。這樣的連結會使這群觀眾更願意採取行動。

　　當然，我們設計的這些行動是基於客戶的需求，亦即我們可以促使人們點進一個網站，觀看更多內容，了解一項產品，或乾脆前往店頭，打算進行購買。

　　這項機制也使得臉書成為最強大的產品發掘工具。由於臉書頁面基本上都來自朋友的動態，人們傾向信任它。行銷人員則能運用這股信任感，讓人們從他們的動態牆上發掘我們的產品。藉由提供可靠的產品資訊，讓人們可以方便地瀏覽一項產品，在心裡形成要不要購買的決定。我們一旦看到誰產生興趣，就能夠重新鎖定他們，再次建立更加類似的目標觀眾群。

3. 倒轉過來的漏斗

　　或許是因為，分享力公司的我們每天呼吸、睡覺都在這個空間裡，所以我們發展出這個特別的觀點。〔如果你看過 Netflix 的奇幻影集《怪奇物語》(*Stranger Things*)，回

想一下裡面的人物「十一號」（Eleven）如何形容「顛倒世界」（The Upside Down）。你可以把它想成是一個平行宇宙，在那裡，每樣事物都是顛倒、反過來的，像是哈哈鏡的倒影出現在真實世界裡。〕這個觀點讓我們可以用一種令人驚奇的觀點去看一件普通的事情，特別是要去挑戰傳統媒體和廣告根深柢固的行事風格時。

有一天，我們正在研究傳統的銷售漏斗，突然領悟到，應該把這支漏斗倒過來，讓它的開口位於下方。傳統的行銷漏斗仍舊能給我們建立很好的目標，但要用來當成另一種攻擊角度。讓我用我們近期的一個客戶 TaxAct 做為範例，來說明這一點。

TaxAct 是一家製作報稅軟體解決方案的公司。他們在業界排名第四位，緊追 TurboTax、H&R Block、Credit Karma 等龍頭霸主之後。第一次開會時，他們幾乎已確定要針對二〇一九年的報稅季打電視廣告戰。他們準備好高額的媒體預算，以及相當大的一筆電視廣告製作費，計畫尋找合適的傳統廣告時段來打知名度——不只放電視廣告，他們還想在社群媒體上，在正式影片開始前投放影片廣告。這家公司想尋找一些有創意的點子，因此接觸了不少傳統廣告公司。

我們沒有興趣在傳統空間裡競爭，也不懂為什麼他們找上我們，但聽說他們願意開放心胸，做些不一樣的事，因此我們決定豁出去，直接投出直球來對決。我們說明了

公司的營運風格、做事流程與傳統電視的不同,也建議對方採取一種革命性的做法來進行電視廣告。這是一個三頭策略。

(1) 數位優先的結構

數位優先的意思是,全部的內容都先使用數位工具,也都先為了數位平臺來製作,把它們當成是試金石,確定了我們的概念能夠引起觀眾迴響之後,再帶到電視和平面廣告等傳統媒體上。

(2) 測試和優化訊息

訊息是要告訴人們你代表了什麼,這在數位世界裡和傳統廣告一樣重要,但差異的地方在於,用傳統方式測試你的訊息通常要找來焦點團體或是樣本觀眾,聆聽他們的想法和回饋。不過,我們應用的是「邊做邊學」流程,用不同的創意變因進行 A/B 測試 [50],並且面對的是臉書上的真實觀眾。因此,在臉書上測試訊息,可以讓我們得到更加精準的結果。

50　譯注:A/B 測試是一種隨機測試,就是拿兩個不同的東西(即 A 和 B)進行假設比較。

(3) 完全倒轉的漏斗

這是倒過來的漏斗自然而然所能得到的結論。我們得到的結果會實施到經測試過的全套行銷漏斗,包括我們從臉書上得到而做出的改善,建立出一個更可追蹤的消費者歷程。

換句話說,我們先在數位版本上測試內容,在我們的客戶撒下大把銀子買電視廣告「之前」,確保一切都貼近我們的目標觀眾,然後就可以等著見真章了。這個尋找創意性內容的做法更有邏輯、更有條理,而且能夠帶來不可思議的結果。當然,幫我們贏得 TaxAct 這個客戶。

臉書的技術面綜觀

記住,臉書和 YouTube 之間最大的技術性差異,在於該平臺是否以動態為主。除了前面那些已經討論過的細節,這也意味著你可以集合其他使用者的內容,不需要擔心會有人反彈或生氣。在 YouTube 上,這等於是竊用別人的影片,然後再把它上傳變成是自己的影片,如同竊盜一般,無論是社群或平臺本身都不會讚賞這樣的行為。但在臉書上,人們都喜歡分享,也就是把你的內容放到他們的動態,變成他們貼文的一部分。這正是臉書之所以會如此強大的緣故,基本上,這就是讓觀眾來當你的品牌大使。

　　反過來，也行得通。你可以按讚、分享，與平臺上的內容進行互動，而當這些動作最終會出現在你的動態當中時，這些也就變成了你的敘事的一部分。你的動態不只是你自己原創的內容，也會是許多內容集合起來的紀錄。你能藉此創造本身就非常活躍而且互動率高的頁面，當你發布你自己的內容時，有助於讓演算法幫你擴散開來。因為你看起來就是在與一群觀眾互動，演算法自然而然地就會傾向推廣你的作品。這是一個你可以擁有和控制的正向漩渦，了解這一點，你應該對演算法的改變沒那麼反感了吧。

　　回想一下，臉書在二〇一八年曾限制使用者的貼文數。這項改變使得人們貼文所產生的自然流量出現下滑。BuzzFeed 之前可能有四成的觀眾能看到他們的文章，但緊縮之後，掉到二成五，使他們的觸及率近乎腰斬。

　　但對於了解臉書運作原理的品牌來說，這些改變不算什麼大事。無論演算法怎麼變，臉書上最佳內容的表現還是能維持相同水準，因為相同的原則永遠適用。沒錯，地板和天花板之間的距離拉近了，生存的空間變小，但是最優秀的內容永遠會勝過其他，跑到最上層。臉書永遠會根據現有的條件，將所有內容按照常態分布來評分，而既然你已經知道大方向，保持下去，你就能持續贏過別人。

　　此外，還有很多小但重要的細節，是你在社群媒體上創造內容時必須考慮的。要點如下。

1. 開頭

　　創作吸引人的內容，在臉書上是很重要的，沒有什麼能比影片開頭幾秒鐘更具影響力。回頭思考一下市鎮廣場的比喻，想像你自己正在瀏覽商店。哪一家會讓你想走進去？當然，如果你正要買鞋，應該不會走進一家麵包店，但如果櫥窗中展示的糕點看起來非常誘人呢？要是他們還有一個親切的員工站在店外，遞了一塊麵包給你試吃，勾起了你的食欲呢？或許你可以進去晃一下，很快地買杯飲料和點心，應該不會怎麼樣吧？剛好可以補充一點能量，再去選購鞋子……

　　麵包店外面那個招攬生意的人，就是你的影片前三、五和七秒。這幾秒鐘是讓你停下來捲動動態的關鍵。如果影片開頭是白色背景加上幾行文字，或一些隨處可見的風景畫面，音樂也很無聊，這會讓你想看下去嗎？恐怕不會。事實上，你恐怕永遠也不會曉得那影片是什麼。不過，要是影片開頭是一個很吸引人的標題，加上精采的視覺畫面，你就會被勾起興趣，想繼續看下去了。

2. 聲音

　　聲音，或者說「缺乏」聲音，是極為關鍵的因素。有高達百分之八十五的臉書使用者在捲動動態時，是把聲音關掉的。他們可能正在上班、坐公車、會議中，或正在廁

所裡。無論他們人在哪裡，有很高的機率他們會在聲音關閉的情況下看你的影片。這就表示，你的內容必須在「沒有任何聲音」的情況下，還能引人入勝、主旨清楚。因此，絕對強勢的文字表達是必要條件。不是只打上字幕而已，字幕是必須的，但畫面上必須要有粗大字體的文字，來說明影片的敘事。分享力公司的固定做法是將這兩種類型的文字放進影片，這意思是說我們不會仰賴臉書會自動生成的字幕，我們偏好自己做字幕，這樣才能確保字幕不會被關掉。

當然，如果你的觀眾會把聲音打開，影片一樣要引人入勝才行。我們曾花費無數的心血，將影片在有聲情況下的觀賞經驗調整到最好，因為會打開聲音看你的影片的觀眾，絕對是迴響最高的，他們是跟你互動最多的一群。與隨意點進來觀看的人相比，你要讓這群觀眾開心，或更開心才行。

3. 行動裝置

最重要的，請記住，臉書使用者有九成都是用行動裝置來登入。這個人數多到你必須思考要如何為這些觀看者設計你的內容。以下三個操作步驟是我們一定會使用的，以確保內容在行動裝置上順利播放：

(1) 直立畫面

　　現代影片的標準寬高比是十六：九，跟現在任何電視畫面的設定相同。因應手機的直立畫面，就要將畫面旋轉，使畫面的高度大於寬度，把寬高比變成九：十六。雖說許多平臺都是這樣設定，臉書也是如此建議用戶，不過我們設計出我們愛用的專有尺寸格式，我們將之稱為「分享力的直立畫面」。我們對臉書介面進行仔細檢視，特別根據希望能讓網友進行互動為優先的角度，設計出一個比例，剛好能讓畫面下排各種表示互動的符號露出來（就是各種心情、留言、分享的符號），因此使用者隨時都可以點按這些動作，就算是進入全螢幕也一樣。這個寬高比是一：一・二五，亦即畫面高度是寬度的一・二五倍。我們發現這是在手機上觀看影片的最佳尺寸比例。

　　不只是進入全螢幕，這個尺寸在影片出現在臉書動態時也很適合，可以給觀看者帶來更好的觀看體驗。這還有助於蓋住下一則動態中的貼文，將使用者分心的可能降到最低。

　　必須說，我們的影片幾乎都還是用傳統的十六：九格式來拍，因為我們不是只在臉書上發布，還要發布到 YouTube 和其他平臺。你不一定要用直立角度來拍才能呈現直立畫面，但你必須留意這一點，進行後製的時候，要確保你的寬高比能適用於所有你想呈現的格式和平臺。

　　此外，要將十六：九轉成正方形畫面，或轉成我們的「分享力直立比」，只要用一個可在螢幕放上字卡的「迷因欄位」就可以做到。就是在畫面的上下方各放上一條橫幅空間，看是要用黑色或各種你喜歡的顏色都行，上方的空間可以打上能吸引人注意的影片說明，下方則是你放上字幕的位置。

(2) 挑選生動的縮圖

　　許多人都認為縮圖在臉書上不重要，反正當你捲動到的時候，影片都會自動播放，但這見解並不正確。如果網友用的是電腦版，同一頁面上會看到三個或更多的貼文，但這些影片中只有一支會自動播放。行動裝置上可以選擇在沒有無線網路連線時關掉自動播放功能，以節省數據用量。這是說，你的縮圖必須具有足夠的吸引力，才能讓某人在它開始播放前就點下去看。

(3) 優化文字藝術

　　好，你已經在影片中使用文字，使影片在無聲播放時也完全沒有問題。現在，你要讓字體變粗、變大，讓人一眼就能在手機螢幕上看到，造成讓人無法忽視的效果。這也意味著你必須打破平面設計的規則，好讓你能把訊息順利傳達出去。不過，要是你心裡仍擁有設計師的靈魂，應

該停下來問問自己，是文字要在你眼裡看起來「好看」重要，還是要讓網友真的能看到比較重要？我希望是後者。

　　另一個要素是「貼文文字優化」。這裡是指跟著影片一起出現在動態裡的文字，要讓觀看者知道他們會看到什麼樣的內容，以及為什麼他們應該與之互動。這段文字非常重要，因為觀看者會在影片前幾個畫面映入眼簾的時候，「同時」讀到這段文字，如果這兩樣東西進入他們的大腦沒有引起正面共鳴的話，他們就會離開。

　　記住，這段文字要非常短而有力。我們發現貼文文字的理想長度，僅僅是六到九個英文字詞。如果可以，盡量避免在這裡貼網址連結，這會導引使用者離開平臺。根據我們的觀察，這不僅會影響觀看的時間長度，還會負面地影響到這則貼文自然生成的觸及率。如果你一定要附上連結，就製作成連結按鈕，例如「了解更多」，這樣就好。

Instagram：藝廊

　　在網路城市裡，緊鄰著臉書市鎮廣場的隔壁是一家藝廊，叫做 Instagram。如果你看 Instagram，覺得這裡的東西有點原始或未經雕琢，那麼它跟一家美術藝廊間的雷同之處，恐怕會比你想得還要深刻。

　　想一想，巴黎羅浮宮或紐約大都會美術館裡，都展示著什麼？並不是隨便一幅有點年月的老繪畫就能被放進

去。這些美術館陳列出來的，都是經過策展人和委員會精心挑選出來，最上乘的藝術作品。有時候或許因為有慷慨的金主贊助，會推出特定的作品展。

把這個景象轉化放進 Instagram 的數位世界，這裡所陳列的藝術作品，展現出的絕對是我們自己的最佳版本。人們不會在這個平臺上貼出他們的恐懼或焦慮，這些是留待人們在臉書市鎮廣場上談論的話題。人們在 Instagram 上，就是要搬出我們精心修飾後的照片，展現出我們的生活，或品牌最好的一面。

YouTube 是一座圖書館，供人們探索深度話題和尋找像是如何製作花園小矮人的教學指南；Instagram 的貼文則是召喚美麗的事物。你會上 YouTube 尋找最美味的巧克力蛋糕食譜，耐心觀看影片示範詳細的步驟和必要的說明，但 Instagram 不會有人給你任何步驟或方向，你只能找到一張華麗的巧克力蛋糕照片。

如果一張照片能抵得上千言，那麼 Instagram 上有三百億張照片，就表示那上面存著三十兆個字那麼長的話語了。因此，Instagram 成了「用視覺說故事」的地方。這為人們帶來無比的力量，因為無論是個人還是品牌，都可以在上面用畫面來說他們的故事，為觀眾開啟一扇窗。人們可以透過他人的雙眼來看世界，透過畫面的傳遞，在人與人之間激起強烈的連結。

Instagram 從一開始就是以發布照片為主的動態平臺，

影片能夠播放則是因為影片後來變成無可抵擋的潮流，所以，在這裡發布影片的需求跟其他平臺不同。與 YouTube 和臉書的不同點在於，Instagram 將影片長度限制在六十秒。由於這裡主要是一個視覺性的媒體，優良的圖片品質是真的能帶來實質回報，因此在這裡，屬於經驗性或初學者的內容較不受青睞，但是較具煽動性和亮麗浮誇的圖片，在這裡表現得會比在臉書上好。

Instagram 與臉書之間的整合（始於二〇一二年，那時臉書併購了 Instagram），表示同樣的目標鎖定也可以在這裡發生，但因為兩種平臺的使用者介面不一樣，因此有些核心的基礎觀念也有所不同。

臉書適合丟出炸彈式奇襲，Instagram 則比較適合主打小眾市場。在臉書上，對某件事物按讚的觀眾同時會有其他按讚的興趣，因為這個平臺上的內容範圍極廣，親友、家庭、嚴肅的文章或購物，更別說他們也有按讚的各類型廣告了。換句話說，臉書的資訊流非常廣，但 Instagram 的視野就較為狹窄。喜歡艱澀笑話的人會一直按讚艱澀笑話，喜歡看貓咪圖片的人會持續按讚貓咪圖片。不會有人停下來閱讀一篇文章，或觀看一部完全不同主題的長篇影片。換句話說，他們是走進藝廊來欣賞某種藝術，對別的東西沒有興趣。

Instagram 越來越受網友歡迎之後，功能也越來越多，開始與其他平臺進入直接競爭的狀態。舉例來說，

Instagram 推出的限時動態根本就是對交友平臺 Snapchat 的迎面一擊，因為那根本就是 Sanpchat 在做的東西。對品牌來說，這成了一個很好的契機，讓品牌能促使網友觀看較長的影片，甚至引導他們進入數位版的商店頁面。Instagram 的「商店」現在允許品牌在平臺上給他們的產品標示價格，這一招讓品牌紛紛努力用他們的貼文來轉換成實質業績。

Instagram 還替品牌和消費者間開通了雙向的溝通模式。Instagram 也開始採用「貼圖」以後，消費者可以直接用貼圖來表達他們對品牌的意見，讓粉絲對品牌和品牌提供的產品有更多互動。

在 Instagram 上成功的祕訣，在於建立清晰、明白的訊息。你必須用簡要、明白且悅人眼目的方式，來傳達你的故事。任何漂亮精緻的貼文一定會吸引互動，就像藝廊裡一幅美麗的繪畫。在 Instagram 上，你是邀請別人來欣賞你的圖片，如果別人真的欣賞你的圖片，他們可能會採取下一步驟，也就是留言。如果這張圖片觸發了觀看者的情緒反應，或它真的讓觀看者心生感動，則對方可能會再進一步深入去看你的其他內容。

隨著 Instagram 不斷演進，它已能讓使用者從單純按讚到現在可以做出不同的回應——透過 Instagram 上的貼文和往上滑的功能，讓使用者留言。過去，Instagram 能讓人進行的互動停留在較淺薄的層次，近來他們做的一些改變，

讓人從單純欣賞圖片，到能做出更細微的敘事表達。

　　當然，這些都要根植於一項核心假設，就是必須讓人停留得夠久，才足以使人表達欣賞。但無論如何，一切都始於最初的一張圖片。如果有人追蹤某個帳號或某個品牌，而帳號或品牌的貼文突然失去了視覺吸引力，粉絲就會取消追蹤，也不會知道這個品牌想訴說什麼樣的故事了。

　　在 Instagram 上建立粉絲群極為困難，也很花時間，因此，你最大的重心應該放在找出獨特的聲音和風格，讓你的潛在觀眾覺得它具有價值。換句話說，人們追蹤 Instagram 上的帳號，是想尋找非常具體的價值提案。這個範圍極廣，不管是什麼都有可能。總之，要記住，一旦你找到了那個獨特的價值提案，任何變化或偏離，都一定不會受到歡迎。以這一點來說，我在跟足球巨星 C 羅合作的時候，我自己就經歷到 Instagram 的極端威力。

　　雖然我把 Instagram 視為接下來十年的絕佳行銷平臺，但我認為 Instagram 對我的個人品牌並不是發揮主要影響力的地方，因此我鮮少在上面發布貼文。分享力剛開始與 C 羅合作時，他就在 Instagram 上追蹤我。就因為他的指尖這樣一點，我竟然收到如潮水般湧來的追蹤要求，粉絲大概是把我視為 C 羅宇宙裡的某個人物吧。C 羅的 Instagram 帳號有超過一億四千萬名粉絲，是全世界最多的。當他追蹤我了以後，我的手機簡直要因為不斷湧入的追蹤通知而爆掉，而且到現在都沒停過。

　　突然間，我多了好幾萬名新粉絲，但這些粉絲全都是基於他們私心的理由和期盼才來追蹤我。我只要貼出 C 羅的照片，或是有我跟他內部人士的合照，我就會得到好幾千人次的互動。

　　但當我貼出我小孩釣魚的照片呢？一片寂靜。

　　如果是我參加某個商務會議呢？冷氣的最高品質：靜悄悄。

　　但要是我跟 C 羅的經紀人合照呢？立刻會有數千個讚。

　　從這裡我得到一個教訓—— Instagram 是一隻喜怒無常的野獸。觀眾圍在你身邊都是為了某個特定目的，只要你能滿足他們這個目的，互動率就會很漂亮。但若你走偏了，或是貼出他們不關心的東西，那麼他們就會大群大群地離開。

　　為了善用這個平臺，以下介紹一些有用的策略性做法。

1. 粉絲

　　關於 Instagram，首先你要知道，在 Instagram 上建立大量的粉絲群，有如在高空走鋼索。發布貼文的頻率要夠高，才足以抓住觀眾的注意力，但也不可以一直洗版，否則他們會覺得受打擾而想封鎖你。一般而言，除非真的有極為特別的事情要分享，否則貼文最多一天不可超過一則。平均來說，一個上軌道的頻道發布貼文的節奏，大約

是一個星期二到三次。你可以提高這個頻率，但要是你開始這樣做了以後，要準備好保持下去。發文頻率驟然減緩的帳號，很快就會流失粉絲。

2. 標籤符號（#）

標籤在 Instagram 社群，具有高度重要性。標籤不只是讓創作者替他們的內容進行分類，進行品牌定義，也是要讓使用者有辦法探索新內容。每一支標籤所聚集起來的內容，都有不斷在變換的「熱門貼文」。使用者點擊一則標籤，熱門貼文就會跳出來，然後可能就會使你增加粉絲或互動率。

3. Instagram 限時動態

限時動態是指發布二十四小時後就會消失的貼文，這對 Snapchat 來說可謂正面對決。限時動態與 YouTube 圖書館上的做法完全相反，它們就像快閃的裝置藝術，如果你在它們出現時錯過了，抱歉！這些限時動態會是一生僅有一次的體驗，但在現今這個時代，要是有什麼東西明天就會消失，表示會永遠消失。

跟現實生活中的快閃藝術也很像的地方是，這些限時動態是被放在另一個地方。它們不會出現在你的個人資料方格，也不會出現在你的主動態牆上。限時動態是放在你

動態牆頂端的一條欄位裡。所有 Instagram 的帳戶都可以分享貼文，從你最好朋友的生日派對到你最愛的電影明星的首映。當有一則限時動態上線以後，該貼文的帳戶頭貼會有一圈彩色的框亮起來，你的眼睛馬上會注意到，讓你幾乎出於本能地想點下去。

對行銷人員來說，簡直是太棒了。一開始，我們覺得花那麼多心力製作一則限時動態，這則內容卻會在二十四小時後消失，實在不值得。但因為這種迫切和當下的特性，限時動態往往能催出無可匹敵的流量數，而且它可以用來在 Instagram 這個藝廊裡，創造出具有臉書風格的炸彈式效果。

順帶一提，臉書自己也有臉書限時動態，它基本上跟 Instagram 是相同的東西，只是出現的場所是在市鎮廣場。我們通常會覺得，出現在「真的」藝廊裡的裝置藝術應該具有比較高的評價，所以我不認為臉書版的限時動態能像 Instagram 上的那樣受歡迎。

使用者點下某個人的限時動態以後，它會跳出來到全螢幕（這表示你推出的作品必須符合九：十六的寬高比），所有內容會按照貼出的時間順序一個個播出。使用者可以往前快轉或往後快轉到下一則動態，也可以滑動到另一個人的動態，就在他們不想看你的動態的時候。

跟一般貼文不一樣的地方是，這裡無法按讚或公開留言，意思是觀眾無法進行任何回饋，這使得限時動態成為

一種高度處於當下的被動式活動，這會縮短觀看者的注意力區間。所以，祕訣在於短、具娛樂性。我們發現限時動態的總長少於六十秒，通常較為理想。不妨嘗試一下，看看會從你的觀眾得到什麼樣的迴響。

聊天平臺：郵局

最後一站，我們來到郵局。每座城鎮都需要一個投遞系統，來傳送信件、包裹、消費產品。我們的網路城市提供各種符合這個描述的不同服務，每一種都有些許差異，而且各自都提供不同的附加服務。我們要把這種聊天服務看成是各平臺在其核心功能以外的附加項目。Snapchat、推特、WhatsApp、Facebook Messenger 都屬於這個聊天體系的一環。

其媒介或許各有不同，但目的都一樣：讓人們彼此直接發送訊息。可以是個人與個人之間，也可以組成一個聊天群組。訊息可以是文字、照片、影片、動圖、迷因，或任何型態的媒體，甚至是老字號的附件也行。

主要的差異是在具體的用法上。你必須把這些聊天平臺視為不一樣的東西，就像你不會把美國郵政、聯邦快遞，或地方快遞看成是一樣的東西。如果某件物品很重要，距離也不遠，你需要它準時、平安地抵達某處，你應該會想找地方快遞來遞送這件物品。如果這需要橫越美國

大陸並在隔天早上送達,你應該會選聯邦快遞。至於一般信件,你應該會把它貼上一張郵票丟到郵筒裡。

本章截至目前,我們已經深入討論了 YouTube、臉書、Instagram。我特別強調這三個平臺,是因為我認為對於品牌或名人來說,它們是用來建立聲量和突破雜音最好的平臺。反之,我認為聊天平臺並不是建立品牌應該去的地方。沒錯,聊天平臺是很好的工具,但以我的經驗來看,聊天平臺更適合大企業,後者不僅擁有大筆資源、大量員工,還有辦法動用人工智慧,透過電腦運算的力量,把訊息從自家帳號送到客戶那裡去。

你也很難透過聊天平臺得到黏著度,讓你建立忠實的粉絲群。聊天平臺的核心概念是奠基於一對一,或一對少數人的訊息對話,那並不是一個可以進行大眾傳播的論壇。並不是說這樣的事做不到,但我不會推薦你去嘗試,除非你已經精通了前面討論過的三大平臺。

我深信,如果你拿你的金錢和時間來好好耕耘 YouTube、臉書、Instagram,你會得到更好的回報,所以我不打算深入討論這些聊天平臺。

雖然這麼說,但這個平臺我會留給你自行判斷:推特。即便它無助於讓你的內容引發任何風暴,但如果你想觀察網路世界的脈動,這裡能讓你看到網路的即時互動。推特也更像是一條雙向街道,此時此地發生什麼,馬上就能知道。因此,小品牌若想建立一對一的客戶關係,在他

們的產業裡建立起自己的定位，在推特會很有成效。

　　有些品牌就把推特當做客戶服務專線，或是用來與他們的客戶建立直接對話，又或者他們把推特拿來當成讓客戶反應問題的管道。舉例來說，假設有人上了飛機，飛機卻停在跑道上好幾個小時遲遲不起飛，有人會在推特上推這條新聞，這就導致航空公司必須出面回應，看是要提供補償，或是出來解釋延遲的原因。

　　利用推特最有成效的品牌就是做這樣的事，在平臺上與大眾對話，而且他們都是用非常簡潔的短句，從來不寫長篇大論。速食連鎖餐廳溫蒂漢堡是善用推特的一個好例子。他們利用推特改變了他們與客戶對話的方式。溫蒂漢堡捨棄品牌總是要凡事順從、被動的形象，改採較為前衛、桀驁不馴的聲音，用意是要吸引能產生認同，想要來點不一樣的客戶。這裡舉一個經典的例子。

　　客戶：「溫蒂漢堡，我朋友說想要去麥當勞耶，我要怎麼勸他？」

　　溫蒂漢堡：「交個新朋友。」

　　在推特，你就是要這樣做。

其他平臺

　　網路世界還有其他規模小但重要性很高的平臺，只是我們不怎麼使用來推廣品牌。譬如說，以求職為主的領英

（LinkedIn），雖不是用來傳播內容的媒介，卻可能對你適用。領英具有非常具體的宗旨。它是用來在商業世界行銷自我的工具，能幫助你發展職涯，建立人際關係，拓展人脈網路。領英對於個人的價值高過於對企業。雖然它讓你向特定群體進行行銷，並鎖定目標企業，不過大多數人是拿它來建立人脈和拓展自己的職涯。

亞馬遜，你可以在上面販賣自己的東西。亞馬遜是全世界最大的終端使用者平臺，如果你從事零售業，這個平臺非常重要。不過，它與其他平臺的不同點在於，你並沒有在技術面替亞馬遜創造內容（除了簡短的商品敘述和圖片以外）。你在別的平臺跟客戶建立起關係以後，如果你有在販售商品，就可以引導他們到亞馬遜上來。

還有 Reddit，這理論上是個不可能攻破的平臺（雖說我們已經靠著 Cricket 無線網路的約翰・西拿廣告辦到了），但就連 Reddit 現在也正在開放自己，對品牌變得較為友善。所以，在不久的未來，這裡必定是個值得關注的有趣空間。

此外，還存在著許許多多平臺，有些關閉，有些彼此合併，還有新的不斷冒出來。網路是一座大城市，有空間容納各式各樣的服務。根據你的自身定位和你的業務類型，有些平臺對你的價值高過於其他，但無論是在哪一個平臺，你都要回歸到相同的基本主題：你要傳遞的訊息，你跟客戶之間的關係。

　　你必須找到品牌的可分享性，才能讓每個人注意到，無論是在哪一個平臺。

公式 9
先測試，再行動

　　現在，是時候讓你的內容一飛沖天了。你已了解可分享性的科學，懂得提供價值的重要性，找到自己的聲音，也攻下了標題。你也在傾聽網路現況之後，決定要搭乘時下流行的浪潮或逆向操作。你也走進網路城市看了一圈，研究各家平臺，想好了哪裡比較適合傳遞你的訊息。

　　在你花費這麼多時間（或許也花了些錢）之後，實在只許成功，不許失敗。不過，就像航空公司打造了一座美輪美奐的貴賓室，準備好提供奢華的登機服務，卻忘記培訓機師一樣，這個疏失實在太糟糕了，這趟飛航必定會以墜機收場。你已經做好準備工作，打下了堅實的基礎，現

在，是時候踏出最重要的一步。一棵樹在深山裡倒了下來，會有人聽到它的聲音嗎？為了讓你的內容不要遭到相同的命運，你必須「先測試，再行動」。測試是過程中的一個關鍵步驟，也是長久以來被忽略的一個步驟，不然，就是完全做錯。先進行測試，能讓你把頭洗下去之前，先進行實驗並優化你的內容。如果測試做得正確，不只能為你帶來更好的效率，也可以為你內容的整體成績帶來深遠的影響。

這一章，就是要來深入詳談如何進行測試。但在進入正題之前，我們退後一步，先來談談你的「包裝」。就像任何產品，好的內容值得好的包裝。你應該不會把一把昂貴的牛排刀隨便包在一隻舊襪子裡，丟進紙箱，就這麼出貨給客人吧。同理，你也不會這麼對待你的社群媒體內容。

以下三條互有關聯的原則，你必須先了解，包裝好你的內容，接著就可以進行測試了。

1. 製作一支無聲影片

根據專門報導數位媒體趨勢的網站 Digiday 的研究，有高達八成五的臉書影片都是在無聲的情況下被人觀看的。聽起來難以相信（有人說應該接近五成才對，但我很懷疑），但仔細想想，其實很有道理。大部分人使用手機觀看社群媒體的影片時，經常有其他人在旁邊，或者身處

公共場所。這種情況下，不會有人把他們的手機聲音打開
的。下一次當你在滑臉書時，可以留意自己使用的習慣。
我敢打賭你多半會把聲音關掉。

　　這表示你要用來吸引人們的影片，基本上會是一支無
聲影片。沒錯，我們又回到電影剛誕生的時代了，當時的
電影都是無聲的，所以「視覺」影像會決定一切。對內容
的包裝而言，這是非常重要的概念，你必須根據這一點來
處理影片裡所有的元素。

　　這個概念非常迷人。電影發明後的一百年多以來，無
論科技如何進步，我們觀看內容和與之互動的習慣是如何
演進，其本質其實並沒有多大改變。在網路上，我們可說
是回到了二十世紀初期，當時的電影是無聲的，人們已經
知道如何用投影機放出會動的畫面，但還不曉得如何放入
能同步播放的聲音。沒錯，當時的無聲影片播放時，現場
都會有鋼琴師為觀眾彈奏輕快的背景音樂，但是人物的對
話基本上都是以字卡呈現在銀幕上，跟我們現在在社群媒
體上所做的「一模一樣」。誰知道，或許就跟人類在一九
二○年代踏進有聲電影的時代一樣，網路影片日後也將進
入一場聲音革命。或許會有人發明類似耳部晶片或震動式
耳部裝置，能夠超越人體的生理限制，讓我們聽到聲音，
Instagram 有可能再過幾年，就會推出自己的有聲影片也說
不定。

　　歷史課先上到這裡。這對你的內容來說意味著什麼

呢？這意味著，你必須認真看待我們第五章的內容，拿出
一則出色的標題，才能吸引人們點進來。這意味著，你的
開場畫面必須能結合圖像的力量，非常清楚地傳達出這是
一支什麼樣的影片，並且要在沒有聲音或旁白的情況下
（第二點當中會有更多說明）。這還意味著，你必須「放棄
山羊」，讓影片快速進入精采部分，放出誘餌，讓你有最
大的機會留下你的觀眾（別忘了繼續看到第三點）。

　　整個過程中，你一定要用無聲模式觀看你的影片，感
受一下那是什麼樣的感覺，也看看你的訊息和誘餌是否都
能清楚地傳達出去。一旦感覺對了，播給朋友、家人、同
事看，請他們告訴你，他們覺得這支影片在講什麼。他們
的第一印象一定會讓你感到驚訝，但其回饋能幫助你再繼
續精練你的內容，讓概念更加清晰。請他們告訴你，影片
開頭是否能吸引他們進來看，能不能吸引他們看到最後；
還是說，這支影片在動態裡跳出來時，他們是否只想繼續
滑過去。

　　而這當中，最困難，也最重要的部分，是把他們的回
饋真正聽到心裡去。你必須堅定地相信所有平臺都信仰的
真理，那就是，消費者的第一反應永遠是王道。接著，你
要不斷對包裝進行調整，直到大多數人都能給你正面的回
饋為止。要記得，大部分人都不會像你一樣對你的內容那
麼在意。他們會隨意地把頁面捲動過去，如果你的貼文剛
巧抓住他們的注意力，他們可能會停下來看看，但永遠不

會珍惜這支影片。而你也是，你必須有心理準備「摧毀你的心血」，所有的影片工作者都知道這一點，當他們過於執著於某些觀眾根本不會關心的細節時，他們要有能「痛下殺手」的決心。只是因為那是你辛辛苦苦做出來的作品，並不表示它就比多數人碰巧看到的任何東西更有價值。事實上，人們對它產生的反應，才是這部作品最有價值的地方。

這樣說吧，如果你能把你的內容弄得像一部無聲電影那樣超級吸引人的話，當有人碰巧把聲音打開觀看的時候，它只會變得更加精采，就像一部有聲電影一樣。

2. 文字和畫面完美結合

當你在製作一支無聲影片時，是否能把訊息清楚地傳遞給觀眾，文字和畫面扮演了重要的角色。分享力公司發展出了一套已經非常熟練的格式，叫做「分享力社群社論」格式。那是「分享力版型庫」的一個部分，公司保有一套隨時都在演進的製作格式和方法，讓我們能做出無論何時都能在社群媒體上拿出優異表現的作品，這套東西的深度和複雜度，足夠我再寫另一本書了。不過，先讓我們來看什麼是「分享力社群社論」吧，這個版型格式基本上是用「中立第三人稱的過去語態」來講述一則已經發生的故事。我知道這聽起來有點複雜，你可以把它想成是一則附上頭

條標題的新聞報導。通常該則新聞都會有標題跑過新聞的畫面，有時影片裡還會引用相關人士所講的話。

　　這表示，我們要把具有標題風格的文案用清楚易讀的字體放在主要畫面上，才能用字句和畫面來說好這則故事。換句話說，我們會用清楚易懂的標題，用無聲的方式來說這則故事。

　　使用中立第三人稱的口吻很重要，因為這聽起來有新聞般受人信賴的感覺。保持真實性，並以誠信的原則來利用這個方法。如果有任何造假，觀眾馬上會在遙遠的地方就能察覺，所以我不會建議你「假造」新聞報導。雖說如此，但你可以採用中立、站在觀察角度的口吻，來進行真誠、誠實的報導。第三人稱在這當中是一個重要元素，它會讓你的訊息聽起來更具有真實性。舉例來說，不要說「我們想要……」，應該改成「Adobe 想要……」。這會把品牌和內容的距離拉開，突顯影片內容中的真實人物，讓他們成為主角。品牌只要純粹站在支持他們的位置就好，這樣比自己跳出來拍胸脯自吹自擂更討人喜歡。

　　過去語態的口吻，不只能讓人覺得有新聞報導的專業感，而且老實說，更因為這樣比較好懂[51]。我們單純的重

51　譯注：英文的先後順序，或過去、現在、未來的時間感，會透過英文文法表露出來，而作者的意思是說，如果一段話語全都用過去式表達，閱聽者不需要費心注意時態，因此會比較好懂。順帶說明，英文新聞寫作的準則就是要使用「第三人稱」和「過去式」，所以用這種寫法的文章聽起來有公正、真實的新聞感。

述某個曾經發生過的事情，傳達出來，讓世人都能聽到。過去時態的表述法讓人們容易吸收和保留。

　　這種做法並不是誰的專利。許多頂尖的數位出版網站，例如 AJ+、Cheddar、BuzzFeed，都使用類似的社群媒體報紙社論風格，近期連臉書都開始這樣做。觀察一下不同的社群平臺，你一定會很快辨認出來，我敢保證你在今天的動態貼文裡，一定會看到幾則是採用這樣的格式。

　　這種格式具有普世認同的吸引力，所以有不少觀看數和分享數最多的內容都是這種風格。你在製作自己的內容時，使用讓人感覺熟悉的語言，有助於吸引到與你的內容有關的主題網站。以及，你必須確保文字的品質符合你的風格。許多人會以為要做得很華麗精緻，但通常剛好相反。我們經常要幫助客戶了解，為什麼他們不應該使用優美細緻的字體和活潑逗趣的圖片，相反地，選擇「醜一點」的文字對於某些平臺而言是比較好的做法。原因在於，你要避免讓你的內容看來像是某個品牌的廣告影片。如果你讓觀看者感覺到你是想賣東西，他們一定馬上跑光光。

　　讓我舉個例子來說明，什麼叫做文字和畫面的完美結合。TubiTV 是一個銷售廣告的免費影音隨選平臺，該平臺播放的電視、電影節目是來自米高梅（MGM）、派拉蒙（Paramount）和獅門娛樂（Lionsgate）等大公司。我們在二〇一八年替 TubiTV 推出一支《臭魚挑戰》

（*Stinky Fish Challenge*）的影片。由於 TubiTV 的廣告語是「免費電視」，所以他們想藉由提供某個有價值的物品———一臺「免費的電視」——來吸引人們注意到他們的服務。

對於這第一支影片，我們想出用一個終極挑戰來吸引人們的注意力。在這支影片裡，由主持人在街上找人接受挑戰，只要參加者能夠挑戰成功，就能獲得一臺免費電視。任務很簡單，就是吃兩口地球上聞起來味道最噁心的魚。我們使用的是來自瑞典的魚罐頭，聞起來就像是連續在露天廁所發酵了好幾個月的鯡魚，味道嘗起來更糟（至少人家是這麼告訴我的）。

我們在影片開頭放進幾個使人印象深刻的畫面——魚罐頭被打開，露出裡面可怕的內容物，畫面頂端還放了一排用粗大字體寫的標語：「小心惡臭！這是地球上最臭的魚！」接著，影片切換到真人嘗試咬下臭魚的畫面，他們都露出難過的反應，包括有個人抱住一個桶子，看起來就是快要……好的好的，我上勾了！

看著人們打開罐頭的畫面，他們的反應已經可以讓畫面外的你感受到那裡頭的魚有多臭了。這段畫面大約八秒鐘，讓觀看者產生興趣，主持人接著出現，向觀眾解釋這是個什麼樣的挑戰，接著真實挑戰正式上場。可以說，這是一個完美結合文字和畫面的絕佳範例。

▶《臭魚挑戰》於二〇一八年八月於 Tubi TV 播出。
網址：https://fb.watch/1VMxfQFRW7/

　　有些影片缺乏像打開臭魚罐頭那般震撼力十足的畫面。如果影片的長度更長，更經過深思熟慮，說不定還可以用來挑戰如何吸引住觀眾的興趣，讓他們著迷。有個祕密武器，就是所謂的「迷因欄位」。迷因是一種社會上散布非常快速的想法或文化符號，我們每天都可以在網路上看到各式各樣的迷因。如果你不曉得這是什麼，「迷因欄位」是一個包住影片的邊框，你可以在這片空間放上粗體的字卡或圖案。迷因欄位可以有效抓住觀眾的注意力，你可以放上一句摘要敘述的文字，直接從畫面告訴觀眾這支影片在講什麼。

　　我們在構思影片的過程中，會全程考慮是否要使用迷因欄位。例如，我們曾為客戶拍過一部很像短片的廣告片，由於這部作品是否具有如電影般的敘事風格非常重要，我們沒有什麼特殊手段能做出厲害的開頭，因此，我們決定利用迷因加入一段文字，這將整部作品置入一個引人入迷的脈絡當中，讓我們不只把觀眾毫無障礙地留下來，讓他們了解整段故事的背景，引領他們欣然接受這部影片的氛圍。

　　傑‧謝帝、大地王子這些數位帝王，很擅長運用迷因欄位，他們運用這種格式的能力已達爐火純青的地步。去看看他們表現最好的影片，你會發現許多影片都使用了迷因欄位，為影片提供清楚且具震撼力的文案，讓你很快知道影片的目標觀眾是誰、為什麼他們應該來看。以傑‧謝帝的影片清單為例，你會看到他有無數能讓平凡人感同身受、受益良多的智慧話語。他有一些放在迷因欄位的標題，例如：「如果你剛分手，看這支影片」、「如果你是跟女朋友分手，你一定要看這支影片」、「為什麼感恩能改變你的人生」，以及我個人最喜歡的，「如果你壓力很大，看這支影片」。要是你剛巧覺得壓力很大，這樣的標題必定會吸引你的注意力。這些標題清楚呈現出影片要為觀眾帶來的價值提案。它們不僅具體，而且清楚易懂。一定要向傑‧謝帝學習，他是深諳此道的大師。然後繼續你的實驗，直到你找到人們有所回應的迷因。

3. 開頭七秒定生死

　　前面提過，影片的開頭七秒會決定一切。當人們在捲動他們的社群媒體動態時，只有幾毫秒的時間決定是否要停下來，把注意力放到某個東西上。如果某件事物讓他們發生興趣或有所感觸，他們就會停下來、點進去。如果他們沒有立即進入，其注意力馬上就會移到下一個東西，很可能永遠不會再回來了。

　　分享力公司的同事，對於構思影片開頭七秒所花的時間，可說是難以想像，這已經成為我們擺脫不了的習慣。從製作數百支影片的經驗中，我們知道影片開頭七秒會決定一切。或許你的影片擁有一則絕佳的故事，足以使你贏得奧斯卡或是登上爆紅影片名人堂，但如果你沒有在開頭七秒成功吸引到觀眾，則觀眾永遠不會看到你的影片。

　　我們歷經了慘痛的教訓才學到這一點。之前提過的影片《登上雲端滑雪板》，前面開頭花的時間太長，才真正進入（勉強算是）在雲端滑雪板的畫面。

　　另一個慘痛經驗是我們替 Cricket 無線網路拍的一支音樂錄影帶，《省錢專家》（*Make a Deal*）。影片概念很簡單，我們要模仿音樂錄影帶拍一支能引起人們興趣的影片，目的是歌頌那些很會尋找超值優惠的「省錢專家」。人人都喜愛優惠，網路上充斥著跟省錢有關的迷因或神奇故事，這個廣告案給了我們一個好機會來玩玩這個哏。

　　我們拍了一部超讚的音樂錄影帶，這首歌曲一定會深受網友喜愛，因為它歌頌那些很懂得各處尋找優惠，絕不會用正常價格付錢購物的省錢專家。這首歌的歌詞著實引人發噱：「選了澎湃包、折扣貨，跨越州界我省下消費稅，價格還是這麼高該怎麼辦？沒關係，快拿出你的大把……優惠券！大家一起來，你又省了錢！」[52] 我們找來專業舞者，在好幾個場景進行拍攝，影片拍得就像一支專業的音樂錄影帶。我們播放試片給客戶看的時候，贏得一致好評，而我心裡暗想，這支影片必定又要給我們的數位獎狀牆上再添一面獎牌。

　　然而，我們犯了一個錯誤。

　　由於這是一支音樂錄影帶，同仁認為應該想辦法在影片開頭讓觀眾打開聲音。所以，我們做了一支開頭有三秒倒數畫面的版本，這幾秒鐘的目的，是要讓觀眾打開聲音。總共經過八秒鐘之後，影片切換到一家雜貨店門口的靜止畫面，多花了兩秒鐘。等到我們的嘻哈藝人真的出現在螢幕上，說「開始！」時，已經花掉十秒鐘。到那個時候，線上的觀看者已紛紛離開。

52　譯注：歌詞內容跟美國國情和社會文化有點關係。例如，物品如果是購買超大包裝會比較便宜；美國的消費稅，各州都不一樣，因此有些特定物品到某些州購買或消費會比較便宜，經常有人會特地開車跨州去買東西；最後，收集優惠券是指那些會留心收集優惠券的人，這裡的「省錢專家」特別指這種人，這類人士最典型的就是會在結帳時拿出一大疊優惠券，省下驚人的購物金額。

　　我們製作這部影片的時程表很趕，沒有時間測試。若有依正常流程測試，這個毛病一定會被抓出來，但因為我們跳過這個步驟，只能倚賴自己的判斷力，結果證明，這一次失靈了。

　　這支影片在社群媒體上發布時，十秒鐘的開頭對觀眾來說沒有提供任何價值，結果令人失望無比。截至目前為止，在我們替 Cricket 無線網路執行的十三個廣告案當中，《省錢專家》是觀看數和互動數最差的案子，全都是因為我們把開頭七秒給搞砸了。

　　另一方面，因為搞定開頭而讓我們獲得成功的影片，當屬我們與英國喜劇演員史恩‧沃爾許（Seann Walsh）的合作案。站立脫口秀對社群平臺來說，實在是個很難引起迴響的題材，因為站立脫口秀就是一名演員拿著一支麥克風站著講話，很難說是什麼引人注目的畫面。如果看的人還把聲音關掉的話，就更難了。就算撐過開頭的七秒鐘，也很難讓他們在當下決定這開頭是否真的好笑。

　　史恩‧沃爾許當時遇到的難題，是他無法讓觀眾去觀看他新的脫口秀演出影片。這使他想到了一個天才主意，決定把他在搞笑段子裡的場景「演」出來，把好笑的視覺影像放到他的笑話裡。也就是說，他要用「視覺性」畫面來呈現原本只有聲音的笑話。他選了一個一般人普遍都能感同身受的主題，那就是科技（行動電話、社群媒體等）是如何改變了人們之間的友誼及互動的方式。

這支影片以配上旁白的短片方式呈現，主要講述在網路時代要跟朋友出去玩的困難。我們協助他幫影片做包裝，在影片畫面放上一個迷因欄位，上面寫著：「科技改變了你和朋友出去玩的方式」。這段文字簡單、易懂，也容易觸動人心，主題也是大部分人所面臨的問題。最後，它成功地吸引到觀眾，讓更多人願意打開聲音，收看他的搞笑影片。

測試你的內容

現在，你已經了解這三個原則，可以來討論測試了。根據這本書的宗旨，我把測試流程分成三個不同層次來說明。以分享力公司而言，這三個層次的測試，我們都會採用，但考量大部分讀者並不像我們一樣擁有分析團隊，因此，我把三種測試做了簡化說明，讓以下資訊對大部分品牌和個人都能發揮用處。

第一個層次是免費的，只需要你花時間和一點敏銳的眼光。另外兩種要花費的成本則各有不同，但這兩種測試能提供寶貴的回饋，非常值得花點錢進行。當你將內容進一步散布到更廣大的觀眾身上，自然觸及率和媒體效率將提升，這兩種測試就大大地值回票價了。

第一個層次：倒反測試

我會花最多篇幅談這個層次，因為執行此測試不必花錢，而且可能是沒有行銷公司可用的人來說最為實用的方法。第一個層次最有趣的地方在於，其實沒有真正的測試牽涉其中。我將之稱為「倒反測試」，是因為我們要做的就是倒過來看，從過去找出各種你能找到的變因並進行研究。或者，用另一種方式來說，你要研究你自己和別人的案例，檢查過去有哪些變因是奏效的，而不是自己悶著頭想有哪些東西「日後」會帶來成效（因此，我們將之稱為倒反測試）。

這項研究要針對三種不同的群組進行。

群組 1：倒反測試

第一個群組，是你或你的品牌過去在任何社群媒體平臺上發布過的內容。這個群組有可能會是關聯度最高，能讓你得出最有用的資訊。第一步，先按照條理檢視並分類所有你從以前至目前發布過的貼文。按照不同平臺（YouTube、Instagram、臉書等）分類，然後將它們歸檔到一個試算表中，用日期、貼文類別（影片、照片、第三方內容等）、貼文時間、觀看次數、以及按讚、留言或分享次數等類別，再次分類。類別會因為各個平臺而有所不同，但基本的分類依據都是一樣的。

　　你必須將訂閱人數的成長速度計算進去。假設訂閱人數有所成長，那麼跟你一年前的貼文比起來，較為近期的貼文閱覽人數一定是比較多的。如果你想進一步做分析（我強烈建議你這麼做），可以增加一個「互動率」的欄位。我們在前面談過互動率，對我們公司而言，這是績效表現的重要指標之一。

　　用互動率來評量我們所有的作品，能讓我們用一致的標準比較每一支影片，不會發生用蘋果來跟橘子比的問題。複習一下前面說過的，互動率是把看過影片並且按讚、分享或留言的觀眾，化為百分比指數。要計算互動率，只要把所有互動（也就是按讚、分享、留言）統統加起來，再除以總觀看數。

　　舉例說明，如果你的一萬次觀看數當中，得到了一百次互動，互動率就是一百除以一萬，等於〇‧〇一，也就是百分之一。如果三十萬次觀看數得到了一千五百次互動，那麼一千五除以三十萬，等於〇‧〇〇五，也就是百分之〇‧五。我們發現，在品牌圈，內容的互動率一般來說都很差，大部分品牌的互動率落在百分之〇‧一至百分之〇‧二之間，百分之五這樣的數字絕不可能出現在品牌的作品上。至於互動率的黃金標準，你應該已經知道了，是百分之一。

　　如果你是一位網路名人或內容創作者，互動率則可以高出很多，特別是在早期。當你的訂閱人數還很低時，可

以請家人朋友來幫你按讚，膨脹你的互動率。當你繼續成長，要維持高互動率就會變成一個難題。傑‧謝帝有些影片可以在數百萬觀看的情況下，還能達到百分之四到五的互動率，那簡直太夢幻了。

　　現在，你得到了清晰詳實的數據，認真花些時間，用批判的角度好好鑽研這些資料，看看你得出什麼結論。如果你是個貼出照片的個人，或許會發現你的家人喜歡和你表現自然天性的照片互動，但你身邊好友喜歡看到你盛裝打扮，準備好晚上出去玩的照片。如果你是品牌，可能會發現如果是跟商品有關的貼文，互動率都非常低，但如果貼文是跟你的公司參與服務社區有關，數字就會高出很多。

　　這個結果能讓你從中得出很多疑問，幫助你更了解未來內容的製作方向。哪一種類型的內容獲得的反應最好？哪一種格式獲得的反應最多？是影片、照片，還是第三人的內容？你貼文的時間會影響互動率嗎？貼文要在早上、中午，還是晚上會比較好？在星期幾比較好？你表現最好的貼文有何共同點？表現最差的貼文有何共同點？有沒有貼文是觀看率低，但是互動率高，或是反過來的？你的品牌有哪些元素或性格，似乎是人們會認同的？是否需要回去調整你的可分享性元素？

　　從這些資料當中找出問題，越多越好，以各種角度來檢視這些數據。這樣做聽起來並不難，但大部分人都不會花時間進行，用批判性的角度思考到底是哪些因素讓他們

的內容引起人們的迴響。光是採取這一步驟，就能讓你比競爭對手有更好的起步。

群組 2：競爭對手分析

　　第二個群組指的是，分析任何你認為跟你所從事的範疇中做相同事情的競爭對手。如果你想在護膚產品圈建立一個品牌，那麼你就要做一個非正式的查核，檢查跟這個產品圈相關的所有品牌。找出你想從他們身上學習的品牌，研究他們的主要社群媒體帳號。檢視他們的YouTube、Instagram、臉書帳號，找出表現最好的前十大貼文，把這些結果的資料輸入到前面你分析自己的內容所用的試算表中。

　　準備好這些資料後，利用以下問題找出你可以向他們學習的東西，研究這當中是否有一定的模式。這個產品圈中的整體內容品質是高、是低？哪些品牌是成效最佳的？哪些品牌的成效最差？在這些成效佳的品牌中，他們的內容是否有一個前後一貫的主題或聲音？哪些主題使他們的觀眾產生共鳴？哪些主題得到的回應最少？有沒有哪一種格式，總是表現得最好？某些平臺上，影片得到的成果是否比照片更好？他們的發文頻率是多久一次？從他們表現最好的貼文在該星期發文的時間，或甚至在當天發文的時間，有沒有讓你學到什麼？這些競爭對手的互動率為何？

哪些類型的整體表現很好？哪些類型的整體表現不好？哪些內容類型沒有人在做，你應該有機會的？

花時間做這樣的研究，你會得到非常寶貴的回饋，你能看到機會出現在哪裡，哪些觀眾會在這個圈子當中做出回應。這也能幫助你做好定位，塑造你的利基點。

群組 3：偉大夢想

第三個群組，是夢想群組。指的是你嚮往成為的品牌或名人，也就是那些開疆闢土，透過他們的社群內容大獲成功的人。這能幫助你定義這個圈子裡你所敬佩的對象，還有你夢想成為的樣子，然後你就可以開始為自己設計抵達這個目標的路線圖。

要研究第二個群組，也就是競爭對手群組，建議選擇五到十個品牌或名人（你認為他們的社群內容表現極度令人讚嘆）；至於夢想群組，則不見得一定要選你這個產業的品牌和名人，但必須包含幾個有一定重要性的對象，你研究他們的方法要有一些不同。

首先，花時間仔細鑽研他們所有內容。檢視他們從一開始經營社群媒體的早期發文，跟他們現在推出的影片做比較。有哪些變化？他們學到了哪些東西？做了什麼樣的調整？

早期的內容與目前的內容相比，大多看起來較沒有焦

點，沒有「打中靶心」。這是個很好的發現！就連你的偶
像也費了不少時間，才找到他們最擅長的東西。

現在，檢視一下每個研究對象表現最好的前十名影片
或貼文，以及互動率「最低」的前十名。從這兩個類別之
間，你看到了什麼？他們的內容表現好，有哪些事情做對
了？內容表現不好的時候，你認為是哪些事情做錯了？

等你大致掌握他們的內容概況之後，問你自己以下問
題：是什麼讓這些品牌或名人脫穎而出？他們所具備的獨
特聲音是什麼？如果你要向一個朋友用一句話說明他們是
誰，你要怎麼說？他們的內容都是什麼主題？他們搭乘了
哪些時下浪潮？他們給觀眾提供了哪些價值？他們是否採
取逆向操作？他們給人的感覺容易親近嗎？他們比其他人
做得好的地方在哪裡？他們有哪些地方可以做得更好？

找出這些問題的答案，你會往你的目標邁進更大一步。

第二個層次：內容測試

當你做了一切你能做的軟性測試，是時候勇敢踏進真
實世界了，你必須將你的內容在真實觀眾身上測試。

聽起來有點可怕，是嗎？要讓內容在他們感到滿意之
前上線，許多品牌也是非常緊張，但這是在社群媒體上取
得成功非常重要的步驟。

由於演算法所涵蓋的範圍非常廣泛，而且它們擁有強

大的運算能力，因此，如果能及早破解，對擴散你的內容有莫大的幫助。絕對要相信這一點，因為這些演算法都是會把你的觀眾擋住的人工智慧守門員。不如這樣說吧，如果演算法不喜歡你的內容，要不是你的觀眾無法看到，不然你就得付費來得到這個特權——這還是指最好的狀況下。舉例來說，臉書演算法裡排序較低的傳統廣告要在平臺上得到一個觀看數，費用大約是六到八美分。不過呢，對於一個可分享性高的內容來說，付費取得的觀看數一次只要一到兩美分。差異非常大！

　　讓我用另一個我們巨大的慘敗案例，來說明這點的重要性。FitTea 是一家製作草藥類健康飲料的公司，他們的產品能幫助舒緩胃部不適。我們替這家公司製作廣告案時，決定搭上一部即將上映的熱門電影——《國定殺戮日》（The Purge）——的便車。這是一個正確的決定，因為這部驚悚電影非常受歡迎，而且已經推出多部續集。我們拍了一部讚到不行的影片，一部完全在諧仿《國定殺戮日》的惡搞電影預告片，預計在感恩節前夕推出。我們的玩笑前提是，人們通常在與家人團聚過節的時候，不免會飲食過度。《國定殺戮日》的背景設定，是在某一天，所有犯罪在二十四小時的期限內都是合法的；而我們的預告影片，則設定成所有食物只有二十四小時的時間可以吃。影片裡，當宣告這個二十四小時的期限開始後，看起來有如殭屍的人們紛紛湧到街頭尋找火雞大餐，他們闖入商店，好

像飢餓的禿鷹一樣搶奪商品架上的糖果。而我們的標題才真正是畫龍點睛的一筆，我們玩弄文字遊戲，把這部假預告片定名為《國定暴食日》（The Binge）。

一切都安排得非常完美，除了時程的規劃。我們沒有時間做任何測試，這支影片敲定的時間太晚，以至於到影片預定要推出的前幾個小時，我們才把影片做好。我們甚至沒有時間先放上廣告的平臺，看看它是否能通過……

結果沒有。

我們的廣告被擋下來，因為影片被認定含有令人不安的內容。其實真的沒有，我們的「殭屍」只是在啃火雞腿的正常人，但是自動影像偵測程式仍舊給它標了警示，禁止我們付費播出。因為影片遭到標示，所以被演算法拉到非常後面，我們根本沒辦法花任何一塊錢來推廣它。影片拍得那麼好，我們都感到非常自豪，結果卻如此令人喪氣。這支影片被發布在一個幾乎奄奄一息的頁面，互動和吸引力都非常有限。

這跟我們原始的構想完全不同，我們本來想花點錢讓這部影片有個好的開始，然後靠著網路的力量將之擴散開來。然而，我們連推它一把的機會都沒有，後續的動作就更別談了。這支影片的觀看數只能有幾十萬，上不了百萬觀看，全都因為我們沒有時間進行測試。

現在，我們知道最好不要輕易接下時程太趕的案子。

只要情況容許，我們會想辦法將二到四星期的測試期

間加到任何合作案裡。我們會用這段時間來建立影片的無數變因，然後用「隱藏貼文」的功能來測試該影片對某一群觀眾的迴響如何。

這裡有很多概念要了解。我不打算說明如何在臉書上購買付費媒體，如果你對此不太熟悉，可以在網路找到很多相關主題的文章。我們來談談「隱藏貼文」，隱藏貼文會讓你發布的貼文不會出現在動態裡。這是臉書廣告平臺設定的功能。當你發布一般貼文，這些貼文會立即上線，被推到網友的動態消息頁面上，網友會看到，可以與之進行互動。隱藏貼文完全相同，但不會出現在網友動態裡，這表示沒有人可以搜尋該則貼文，也沒辦法找到它，而且，除了你特意推給他們看的特定觀眾以外，沒有人能看到，所以叫做隱藏貼文。

要怎麼使用隱藏貼文做測試呢？不如替你的影片做幾個開頭不同的版本，就從這裡開始。前面講過影片的開頭七秒會決定一切，那麼不妨做幾個不同版本測試看看。哪一種開頭的畫面最能吸引注意力？哪一種開頭的文案最容易讓人打開全螢幕？文字的顏色有沒有影響？文字旁邊做特效會不會比較好？先把故事的結局放在前面，在開頭放上「精采預告」，然後才進入正題，效果如何？

變因可以有百百種，關鍵在於要找到那些對你的故事產生影響的因素。每一支影片都有不同的影響變因，但多半跟開頭有關。

　　雖是這麼說，看一下影片播放後所呈現的數據結果，也挺有趣的。舉例說明，當我們和 Adobe 軟體製作那支修復照片的合作案時，我們發現，有一版影片在開頭部分的測試結果比其他版本更好，另一個版本的開頭數據只稍微差一點點，但它在影片最後四分之一的觀看保留率，實際上卻高出了一些，而且能吸引更多人在看完以後進入留言的程序。於是，從這裡我們知道，我們希望影片能夠產生的成效，這個版本會表現得更好。因此，我們最後選了第二個版本。

　　知道你到底在測試什麼，也非常重要。你可以說測試的目的是想得到關於創意方面的回饋，想知道人們對你的內容有什麼想法。但老實說，透過測試想知道的，其實較多是關於演算法到底喜歡的是什麼。我們做測試希望得到的數據，是要能揭露演算法會把這則內容推給更多人，或者需要付的推廣費用可以更低，諸如此類的結論。以上都非常有道理，不過你還是要記住一件事，就是你的企畫案的具體成效，不要忘記你的終極使命。每一次你在努力達到最佳觀看數的時候，很容易迷失自己，話說回來，這真的是最重要的事嗎？或許不是。

第三個層次：觀眾測試

　　現在，你已經精心打磨過你的內容，也掌握了演算法

的喜好，現在，是時候把焦點放在你的觀眾身上了。

　　在各個平臺上將你的觀眾進行分眾，是無比高深的一門學問。你可以用最基本的資料來區分觀眾，像是年齡、性別、種族背景、地理位置，也可以用他們是喜歡某個搖滾歌手，還是喜歡狗或腳踏車打氣筒來分類。

　　我們曾經為了學習操作這個歷程，推出了一個頻道——「按讚吧女孩」（Like It GRL），專門主打十幾歲的青少女。這個頻道是要讓我們練習目標觀眾鎖定，以及其成效到底有多大。我們花了好幾個月摸索各種細節，不只是影片內容本身，還包括貼文的文案，就是為了了解我們應該使用哪一種語言，才能觸及我們想要的觀眾。從這個頻道裡，我們學到一些似乎頗為明顯、容易料想得到的東西，例如青少女都非常喜歡表情符號，一般不喜歡讀太多文字。得到實際的數據以後，讓我們信心大振，我們據此制定發文規則，也就是貼文必須包含大量表情符號，所用的文字不能超過三到五個字詞。結果，我們的觀眾群成長速度簡直一飛沖天，大幅壓低了推廣成本。

　　我們替較大型的公司做這種測試時的方式，大有不同，不過基本中心思想是一致的。我們會先弄清楚理想目標觀眾的樣貌。有時候，客戶會提供我們非常具體的詳情。他們會根據所設定的目標，說明他們想觸及哪一群特定的人士。例如，品牌想針對九月開學季推「開學專案」，那麼他們就只會想觸及中產階級家庭的已婚父母，

有兩個以上的小孩，居住在東、西岸地區等等。[53] 舉一個目標觀眾定位更加具體的例子，我們和購物中心公司Macerich合作第一支案子時，客戶就明確地告訴我們，他們想針對的客群，是居住在紐約市布魯克林區國王廣場購物中心周邊地區的人們，那裡是市鎮中心的所在位置。僅僅是在那家購物中心方圓幾英里內的地區，我們就成功催出了百萬觀看數。

進行內容測試，你會發現使用不同的修辭版本能擄獲不同的觀眾群，這個過程可以讓你學習修整和精練你的內容，也包括你的觀眾。有些做法和模式或許對你的訊息傳達沒有太大的作用，但由於這樣做會讓演算法更樂意傳送你的內容到特定團體，因此能大幅降低你的花費。如果不進行測試，就完全無法掌握這些了。

現在來談成本。

測試的花費不必然會非常昂貴，你花的錢實際上只能決定兩件事：你能做多少測試，以及能觸及到多少觀眾。

方法是這樣的，先製作二到五個不同版本的作品，這些版本各有不同點，是你想互相比較測試的。最多五個就夠了，超過五種版本的話，分析起來會過於複雜，而且變因太多。把這些上傳到你的廣告帳號，設定你願意投放的

53　譯注：這裡的敘述也是基於美國社會的情況，基本上這就是一個有小孩和雙親的小康家庭的側寫。

預算費用，然後按下開始。（好吧，這樣的流程說明也太簡化了，不過基本上是正確的。）費用可以從幾塊錢、幾百、幾千或更高都可以，反正就是你想花的費用。就算是小額預算，也有可能幫你觸及到數千人，總之一定會超過電視能做的焦點團體人數。

麻煩的是時間。每一版你都至少需要讓它跑兩天，因此，如果你要測試十個或二十個版本，總共就需要……自己算吧。

在分享力公司，我們會用軟體全程來做這件事。除非你能取得某些需要訂閱而且所費不貲的專利軟體，不然，這可是個大工程。記取我們的教訓，確定你手上有足夠的時間進行你能想到的一切測試。

最後提醒：有了付費媒體，所有內容並非生而平等

社群媒體上的付費廣告出現以後，所有內容就不再是生而平等了。以電視圈來說，若是有一家公司要在星期四晚上的時段投放廣告，該時段的價碼是根據播出時間來制定的。塔可鐘連鎖餐廳和福特汽車可以付相同的八十萬美元播出他們的三十秒廣告，無論他們的廣告內容是什麼，得到的曝光率都不會相差太多。網路則完全不是這麼一回事，所有主要社群平臺的廣告機制，都是採競標式的做

法，也就是說，價格是按照廣告得到曝光的難易度來決定的。又因為社群媒體的目標鎖定程度非常高，你不需要花好幾百萬美元才能打廣告。事實上，你可以先花一點點錢，看看你的廣告會得到什麼樣的成效，如果效果不錯，你就可以再增加廣告的金額。如果你有鎖定目標觀眾，有時候只要幾千塊就能達到非常大的效果。

　　決定臉書廣告成效的一個最重要的功能（令人訝異的是很多廣告人並不知道），那就是臉書廣告相關性分數（relevancy score）。臉書的演算法會針對每一則上傳到臉書的推廣性內容，根據幾個因素，指定一個從一分（最差）到十分（最佳）的相關性分數。最重要的因素在於，演算法認為該內容推出後是否值得觀看，這會來自於最初觀看這支影片的觀眾所進行的互動。事實上，大部分廣告給觀眾提供的價值都非常低或甚至是零，因此，它們能引起的互動非常低，因此得到的相關性分數也很低，大約在一到四分。品質高的內容，如果可分享性不高，則會落入中間地帶，大約四到六分。至於可分享性高的內容，不只會得到網友的實質互動，還會得到約為七到十分的相關性分數。這項分數在你替你的內容投放付費推廣的時候，至為關鍵。影片的相關性分數高，就會爬到演算法的頂端，表示有更多人會想看，臉書向你收的付費觀看費用就會降低。相反的，相關性分數低的內容會往下掉，臉書推廣這支內容的困難度會提高，因此你要付的推廣費用就會飆高。

如果你貼出的品牌影片能帶動實質的互動，你就會得到較高的相關性分數，觸發演算法推這支影片給更大群的觀眾，降低你的每次觀看費用。然而，要是影片的互動很差，就會跌到演算法底層，導致每次觀看的單價費用隨之升高。

假設一家穀片公司要播一支講述他們的穀片纖維含量有多高的無聊廣告，當廣告對觀看者而言的分享價值很低，必然會導致低互動率，這支廣告就會得到只有一或兩分的相關性分數。相關性分數越低，臉書演算法就要越辛苦工作，才能讓觀眾看到廣告，因此臉書就會收較高的費用。相關性分數如果是兩分，表示一次觀看數大約需要支付八到十美分。反過來，看看那些大咖網路名人的影片，由於它們很快就能得到成千上萬的觀看、按讚和分享，相關性分數就能拿到九分。由於影片得到了人們主動觀看和分享，所以臉書演算法其實是我們的盟友，會幫我們把內容推到更廣大的觀眾群前面去，只收取低廉的費用，有時候一次觀看數可以低於一美分。

對於那些計畫把大筆媒體預算從傳統媒體投注到社群和數位媒體的品牌來說，這種型態是個很大的契機。只要他們願意按照這本書談到的原則，就能突破四周的雜音，吸引大量的目光，並與他們的客戶在網路上建立深入的關係。這個過程，還可以幫他們省下好幾百萬美元的預算。

結　語

走出自己的路

　　希望你喜歡這本書，就跟我非常享受本書寫作的過程一樣。寫這本書讓我得到一個可以停下來喘口氣的機會，並好好回顧我的職業生涯，思考一下，從過去到現在到底出現了多大的變化。

　　過去二十年來，科技改變了人類溝通的方式，不僅是我們與其他人的互動出現了改變，我們與企業品牌和新崛起的名人之間的互動，更是出現了革命性的翻轉。數位革命打破了我們過去習慣的產品類型，看看叫車服務 Uber、網路串流影音 Netflix、個人理容用品訂購網站 Dollar Shave Club。此外，透過社群媒體無遠弗屆的威力，網路名人得

以在這個時代崛起。任何時候,只要出現這樣大規模的破壞,就會出現同樣規模的契機。我們得到了一個大好機會去擁抱數位時代交到我們手上的神奇工具。我們得以透過網路內容和數據,直接與客戶建立關係。我們有辦法建立一個有價值的品牌,這是在過去無法想像的。

關於我的工作,我最喜歡的部分就是去注意一切事物的變化有多快。我的事業夥伴尼克‧瑞德和我經常開玩笑說,我們都不願意晚上離開公司回家,因為隔天早上再來上班時,事情可能又變得不一樣了。我們也發現,當你積極擁抱這些變化,你會被引領到一些真正有趣的地方。

回顧分享力公司成立的頭三年,我們做了許多瘋狂的事,唯一沒有參與的就是跟音樂相關的工作,直到有人介紹我們認識歌手杜娃‧黎波(Dua Lipa)的經紀團隊。杜娃‧黎波當時是華納唱片旗下的一個新星藝人,她擁有一副富有當代感的歌喉,絕對是一位擁有豐富才華的藝人,而你現在恐怕也已經聽說過她了。二〇一七年初,我們和她接觸的時候,唱片公司正努力思考要如何讓她打入美國市場。當時她已經在歐洲大受歡迎,跟幾位大咖藝人也有過幾次成功的合作,但她在美國還是默默無名。

同時,我們正與凱悅飯店(Hyatt)商討合作事宜。凱悅飯店想結合音樂和社群媒體,為他們的新品牌「凱悅臻選」系列飯店(Hyatt Unbound Collection)注入年

輕、時尚的氣息。

於是一個如此合宜的搭配就這麼出現了。我們跟杜娃‧黎波的團隊合作，以這位藝人和她當時即將發行的單曲〈愛情守則〉（*New Rules*）為中心，製作一系列具有可分享性的內容。所有內容的製作都由凱悅負責出資，包括〈愛情守則〉的音樂錄影帶，由了不起的英國導演亨利‧修菲爾德（Henry Scholfield）負責掌鏡。分享力也以杜娃拍攝音樂錄影帶的過程為主題，製作了一系列社群媒體內容，裡面不只有杜娃‧黎波，還包括兩場現場演出的幕後花絮。整起宣傳企畫還準備了一筆非常充足的媒體預算。

音樂錄影帶就選在隸屬凱悅臻選系列的邁阿密海灘康菲坦特飯店（Confidante Miami Beach）[54]拍攝，這家度假飯店的設計以一九五〇年代裝飾藝術為概念，並注入全新的現代精神。這支音樂錄影帶的「劇情」就是這首歌歌詞的呈現：在女性閨蜜好友的幫忙之下，杜娃飾演的女主角嘗試忘掉不值得交往的前男友，讓生活重新回到正軌。由女舞者飾演的閨蜜好友給她加油打氣，杜娃和舞群在飯店內搭設的實景裡一起跳舞，最後前往飯店泳池，在豔麗的紅鶴鳥環繞之下，他們迎向邁阿密美麗的南灘（South Beach）

54　譯注：康菲坦特飯店的名字「confidante」，意思就是可以私下談心的女性好友。

夕陽，屬於女孩的嬉鬧想必即將上場。

〈愛情守則〉的音樂錄影帶推出後，立刻在網路上一炮而紅，這支影片有如難得現身世間的獨角獸，觀看數驚人地達到「十億」人次以上。不僅這支影片成功地突破雜音，杜娃・黎波的人氣扶搖直上，讓她名列超級巨星的一員。杜娃・黎波成為自愛黛兒後首位在英國拿下單曲冠軍的女性藝人，而她這首歌後來也在美國榜登上冠軍。她在音樂串流播放程式 Spotify 上的播放率很快提高八倍以上，這個紀錄可說是給音樂產業訂下了新的門檻。自從這波企畫推出，她也成了傳統廣播電臺歌曲播放率最高的歌手。

對於凱悅飯店，這項企畫在他們所有參與過的社群媒體企畫當中，是最成功的一項。這項企畫為凱悅的官方社群頻道順利增添五千萬次以上的觀看數，成功炒熱話題，也為凱悅臻選品牌系列飯店樹立了流行的時尚形象。

看著一位原先無人聽聞的藝人，以如此快的速度成功爬到音樂界的頂端，實在是激勵人心。這提醒了我們，在數位世界的新時代，同樣的事也能發生在品牌身上。

日後，分享力公司將會有很大一部分重心，擺在幫助現有的品牌進行探索，翻轉他們自身的數位形象，不僅如此，還要運用數位的力量推出新品牌。

一個絕佳的範例，就是 SAGE，我們正在協助這個品牌從平地中崛起。SAGE 是知名記者潔西卡・葉琳（Jessica

Yellin）[55] 自創的品牌，你或許聽過她的名字，她曾是有線電視新聞網（CNN）的資深特派員。葉琳於二〇〇七年進入 CNN 擔任政治線記者，並在二〇〇八年參與了總統選舉的報導。當時，一般公認民主黨會提名希拉蕊・柯林頓（Hillary Clinton），共和黨會推出約翰・麥坎（John McCain）擔任總統候選人。在 CNN，通常是指派資深政治記者負責跑這兩位重要人士的新聞。葉琳在 CNN 算是新人，又是一名女性，因此她被指派去美國中西部，負責採訪另一位沒什麼名氣的人物，那個人就是異軍突起的伊利諾州參議員巴拉克・歐巴馬。

　　後來，隨著歐巴馬的人氣水漲船高，葉琳也跟著打開知名度。她因為跑歐巴馬的新聞，在歐巴馬當選總統後跟著他進入白宮，最後成為 CNN 的白宮首席特派員。

　　但是，對於她所得到的成就，葉琳並不感到開心。身為一個從業人員，她能夠以內部眼光觀察新聞產業營運的方式，雖然她可以在高位貢獻一己之力，但她不喜歡這樣。她說到，在 CNN 的時代，交付給她的命令經常是要「把新聞弄得像體育頻道 ESPN」一樣，要有新聞評論員進行「激動、熱烈的辯論」，或用更準確一點的形容詞，就算在沒什麼重要性的話題上，也要爭個面紅耳赤才行。他們會說，「新聞就是要呈現衝突」，不然就是，「激起憤怒

55　譯注：潔西卡・葉琳的中間名就是 Sage。

的東西才有人看」。

　　每次白宮有什麼重要事件，或許是要宣布一項會影響好幾百萬國人的新政策，葉琳會寫出條理清楚、思慮完整的報導，以沉穩的語氣提供充足資訊給讀者。但往往，她一次又一次地收到指示說她的東西「太乾」、「無聊」，要她把重點放在白宮對歐巴馬出生證明的「醜聞」[56]有什麼回應，不然就是白宮聖誕樹的裝飾地點會在哪裡。

　　新聞產業變得商品化，腥羶色的新聞不再只是偶爾出現一下的調劑，而是大量湧入到各大權威新聞網。就連CNN，這座被人認為是報導嚴肅、即時新聞的最後堡壘也淪陷了，充斥著譁眾取寵，只為了爭取「眼球」的「娛樂性」新聞，而這全都是因為要在緊迫、短暫的時間壓力下爭取收視率以滿足廣告主。

　　這一切導致的最終結果，就是整個新聞產業都痛苦不已。觀眾大群大群地流失，因為人們也受不了動不動就要被「突發新聞」大聲轟炸，連一隻貓咪被卡在樹上下不來也要敲鑼打鼓地報導。人們紛紛逃離，轉而投向社群媒體動態的懷抱，而葉琳想改變這一切亂象。

　　她離開 CNN 後，花了一些時間沉澱自己，思考未來出路。她想到她在新聞界待過的經驗，還有新聞報導的走

56　譯注：歐巴馬曾經被對手陣營質疑不是出生在美國，若是如此就不符合當美國總統的資格，因此「出生證明」這個爭議曾一度吵得沸沸揚揚，但這則「醜聞」後來得到澄清。

向。當她第一次用外界人士的眼光看新聞，注意到了一件
她還待在內部奮戰時忽略掉的單純事實，那就是：女性都
到哪裡去了？

　　每一間她待過的新聞編輯室總是由男性主導，這已成
了人人都接受的傳統。女性似乎因為比較怡人悅目，所以
被歸類到只能當「鏡頭前的甜心」。葉琳經常接到編輯室
對她在鏡頭前表現發出的意見，他們批評的不是她的報導
內容，而是責備她的頭髮被風吹動。「為什麼你的頭髮會
被吹起來？」為什麼？應該是因為她站在戶外，剛好有陣
該死的風吹過去吧。這跟新聞有什麼關係？

　　完全沒有。

　　葉琳開始對人們提出這些問題，她特別想從各行各業
的女性得到回饋。她們對新聞有什麼看法？她們有在看新
聞嗎？有什麼喜歡的地方？不喜歡的地方？

　　結果她發現，新聞讓女性覺得受欺騙、緊張和焦慮，
這導致她們不看新聞。新聞臺所信奉的「衝突和激動」信
條，對一半的人口並不能發生作用。

　　這真是個令人震驚的發現。葉琳繼續深入挖掘，她找
來領導性的教育機構，合作進行真正的研究。結果發現，
她原先只是基於受訪人的回應而得出的結論完全沒錯。有
百分之七十四的女性說她們目前「暫時不看」新聞。有百
分之六十八的人說看了新聞以後，焦慮感會揮之不去。只
有低得可憐的百分之二十三的人，說她們看新聞會得到多

少掌握了一些時事的感覺。

　　女性希望新聞能夠提供事實，不是個人意見，新聞應該要提供充實資訊，不是一再重複。她們希望新聞能為觀眾解釋更多事情，例如稅率是提高還是下降？那會怎樣影響眾人生活？背後有著什麼樣的意義？她們希望新聞能夠用快速、平和的方式提供這些，這樣她們才能回到自己的生活重心上。

　　葉琳看見了一個需要：一個由女性主導的新聞編輯室，直接傳送新聞影片到你的社群媒體動態上。她組成了一個團隊，成員不只包括曾榮獲表彰廣電文化成就的艾美獎和皮博迪獎（Peabody Award）的新聞記者、調查記者，還包括各領域的專家，有財經、移民、女性議題、科學、娛樂，當然，還包括政治。

　　現今的新聞媒體界是一個高達一千兩百億美元產值的產業，而這當中缺乏女性觀眾。如果新聞能捕捉到女性觀眾，這個數字可以上看兩千億美元。這表示，其中有八百億的市場空缺，等著某個人前去占領。

　　葉琳現在就要帶領她的 SAGE 團隊踏入這個市場。她的努力是否能吸引人們，並成為美國新聞界下一個獨特出眾的聲音？就讓時間來證明吧。但，親自投身，面對那些沒有意識到已經進入網路時代的全國性媒體，嘗試打破他們習以為常的生態，想必是件非常有趣的挑戰。

　　另一個我們正在進行的計畫，是一個護膚品牌要跟一

位音樂界大明星合作推出。這個品牌的出現，是源自我跟一家電子商務公司之間的對話。這家公司的數據顯示，護膚產品業績在一九九〇年代中至二〇〇〇年後出生的 Z 世代當中，出現飛快的業績成長，你能猜到是為什麼嗎？給你個提示，一切都跟這本書有關。如果你到現在都還沒猜到，好吧，都是因為社群媒體的關係。

　　在今天，任何一個二十歲的女孩在一天當中拍的照片，都比她母親在一年當中拍的照片還多。這實在是個驚人的統計，不過這跟我們所目睹的現象頗為符合。又因為大家會拍近距離特寫的照片傳到 Instagram 上，所以青少年和年輕人特別注重皮膚的保養。這就是為什麼護膚產品會賣那麼好的原因了。

　　我們要推出一個新品牌，其立足點完全是為了自拍世代創立。這個品牌提供所有能讓你保持在最佳狀態的肌膚和臉部產品，包裝在一個擁有 Z 世代靈魂和美學的正面品牌形象當中。或許你也猜到了，我們會與一個電子商務巨頭合作，這個品牌只會獨家推出在數位平臺上，無法在任何傳統的實體零售店買到。我們會建立一波宣傳企畫傳遞品牌的正能量，並搭配合作的音樂藝人，在臉書、YouTube、Instagram 等社群媒體上對其眾多粉絲進行推廣，並與我們的電子商務合作夥伴在平臺上以搜尋和推廣方案，來衝高我們品牌推出的聲量。等這本書出版的時候，該品牌應該已經上市，如果我們的成績不錯，你應該

已經猜到那是哪一個品牌了。我等不及想要知道你的答案。

　　分享力公司成立在先，唯一的不變是我們永遠能做出改變，經常能從頭開始的能力。我有一段話要告訴你——你應該也要把眼睛打開，為你的品牌留意，在你的領域當中是否存在這類機會，無論是大是小，必須是尚未被許多人發掘的機會。

　　網路世界的一切都在快速變化，你必須將自己放在一個持續演進的狀態當中。記得，永遠要向那些成功的案例學習，要經常研究社群媒體平臺上發生的大小事，例如社群媒體明星傑・謝帝、創新品牌 Dollar Shave Club，還有逆向操作大師帕皮。

　　讓自己領先於網路潮流是一個很大的挑戰，也是一個要經常複述自己的故事且不會停止的過程。現在你擁有了本書提供的工具，你已經做了很好的準備，能夠迎向這項挑戰。分享力公司的所有人都非常努力，讓我們能夠站在創新的最前端，這讓我們永遠保持高昂的戰力。引用一句我們的顧問曾經給過我們的話來做結語：「分享力永遠在趕往潮流即將抵達的路上，而不是潮流現在的位置上。」我希望這本書能夠幫助你獲得相同的成就。

國家圖書館出版品預行編目資料

突破演算法、分享破百萬的 9 大公式：為何他們的影片
暴擊人心，創造話題、流量和商機 ?/ 提姆 . 史戴普 (Tim
Staples), 喬許 . 楊 (Josh Young) 著；尤采菲譯 . -- 臺北市
：三采文化股份有限公司 , 2020.12
　　面；　　公分 . -- (Trend)
譯自：Break through the noise : the nine rules to capture
global attention
ISBN 978-957-658-470-1(平裝)

1. 網路廣告 2. 網路行銷 3. 網路媒體 4. 網路經濟學

497.4　　　　　　　　　　　　109019667

Trend 65

突破演算法、分享破百萬的 9 大公式：
為何他們的影片暴擊人心，創造話題、流量和商機？

作者｜提姆・史戴普（Tim Staples）、喬許・楊（Josh Young）　　譯者｜尤采菲
協力編輯｜巫芷紜　　責任編輯｜朱紫綾
美術主編｜藍秀婷　　封面設計｜高郁雯　　內頁排版｜洪尚鈴

發行人｜張輝明　　總編輯｜曾雅青　　發行所｜三采文化股份有限公司
地址｜台北市內湖區瑞光路 513 巷 33 號 8 樓
傳訊｜ TEL:8797-1234　FAX:8797-1688　　網址｜ www.suncolor.com.tw
郵政劃撥｜帳號：14319060　戶名：三采文化股份有限公司
本版發行｜ 2020 年 12 月 27 日　　定價｜ NT$380